助力乡村振兴
出版计划

【现代养殖业实用技术系列】

稻渔
综合种养
技术

主　　编　丁淑荃
副 主 编　何吉祥　张云龙
编写人员　丁淑荃　万　全　水长军　占家智
　　　　　何吉祥　张云龙　赵慧敏　袁小琛
　　　　　奚业文　黄　龙　蒋　军

时代出版传媒股份有限公司
安徽科学技术出版社

图书在版编目（CIP）数据

稻渔综合种养技术 / 丁淑荃主编.--合肥:安徽科学
技术出版社,2021.12

助力乡村振兴出版计划.现代养殖业实用技术系列
ISBN 978-7-5337-7812-5

Ⅰ.①稻…　Ⅱ.①丁…　Ⅲ.①水稻栽培②稻田养
鱼　Ⅳ.①S511②S964.2

中国版本图书馆 CIP 数据核字(2021)第 234692 号

稻渔综合种养技术　　　　　　　　　　　　　　　　　　　主编　丁淑荃

出 版 人：丁凌云　选题策划：丁凌云　蒋贤骏　陶善勇　责任编辑：李志成
责任校对：李　茜　责任印制：梁东兵　　　　　　　　　装帧设计：冯　劲
出版发行：时代出版传媒股份有限公司　http://www.press-mart.com
　　　　　安徽科学技术出版社　　　　　http://www.ahstp.net
　　　　　（合肥市政务文化新区翡翠路 1118 号出版传媒广场,邮编:230071）
　　　　　电话：(0551)63533330
印　　制：安徽联众印刷有限公司　　电话:(0551)65661327
（如发现印装质量问题,影响阅读,请与印刷厂商联系调换）

开本：720×1010　1/16　　　印张：10　　　字数：144 千
版次：2021 年 12 月第 1 版　　2021 年 12 月第 1 次印刷

ISBN 978-7-533-7812-5　　　　　　　　　　　　　定价：32.00 元

出版说明

"助力乡村振兴出版计划"(以下简称"本计划")以习近平新时代中国特色社会主义思想为指导,是在全国脱贫攻坚目标任务完成并向全面推进乡村振兴转进的重要历史时刻,由中共安徽省委宣传部主持实施的一项重点出版项目。

本计划以服务区域乡村振兴事业为出版定位,围绕乡村产业振兴、人才振兴、文化振兴、生态振兴和组织振兴展开,由《现代种植业实用技术》《现代养殖业实用技术》《新型农民职业技能提升》《现代农业科技与管理》《现代乡村社会治理》五个子系列组成,主要内容涵盖特色养殖业和疾病防控技术、特色种植业及病虫害绿色防控技术、集体经济发展、休闲农业和乡村旅游融合发展、新型农业经营主体培育、农村环境生态化治理、农村基层党建等。选题组织力求满足乡村振兴实务需求,编写内容努力做到通俗易懂。

本计划的呈现形式是以图书为主的融媒体出版物。图书的主要读者对象是新型农民、县乡村基层干部、"三农"工作者。为扩大传播面、提高传播效率,与图书出版同步,配套制作了部分精品音视频,在每册图书封底放置二维码,供扫码使用,以适应广大农民朋友的移动阅读需求。

本计划的编写和出版,代表了当前农业科研成果转化和普及的新进展,凝聚了乡村社会治理研究者和实务者的集体智慧,在此谨向有关单位和个人致以衷心的感谢!

虽然我们始终秉持高水平策划、高质量编写的精品出版理念,但因水平所限仍会有诸多不足和错漏之处,敬请广大读者提出宝贵意见和建议,以便修订再版时改正。

本册编写说明

　　稻渔综合种养是利用稻田水面进行水产动物养殖，同时获得水稻和水产品的一种生态种养模式，在一定程度上提高资源利用率，充分利用物种间资源互补的循环生态学机理，采用稻渔共生、稻渔轮作方式，依托水稻和水产两大资源优势，一水两用、一田双收，从而实现粮食稳产、农民增收，生态效益、经济效益和社会效益显著提升。新时期新形势下，广大的农民群众依旧在乡村振兴战略中占据着主体地位，该模式提高了稻田的单位产出效益，提升了农民的经济收入。

　　本书根据目前稻渔综合种养现状，分为稻虾、稻鳖、稻蟹和稻鱼共作四个章节，分别从水产动物生物学特性、稻田养殖的前期准备工作、苗种培育、种养模式、水稻种植和病害防治等方面进行介绍。第一章稻虾综合种养技术，由巢湖市农业农村局负责编写；第二章稻鳖综合种养技术，由安徽省农业科学院水产研究所负责编写；第三章稻蟹综合种养技术，由安徽省水产技术推广总站牵头编写；第四章稻鱼综合种养技术，由安徽农业大学负责编写。本书的出版旨在为广大农民朋友、农业技术推广人员、科研人员等开展农业生产、技术推广、科学研究等工作提供参考。

　　本书编写时得到了渔业行政和推广部门、科研机构和稻渔养殖科技人员的大力支持，同时也参考了相关专家的技术资料等，在此表示衷心的感谢。

目　录

第一章 稻虾综合种养技术

▶ 第一节 小龙虾的生物学特性

一 小龙虾的形态特征

小龙虾,学名为克氏原螯虾,是淡水螯虾的一种,原产于北美,后传入我国。小龙虾含有虾青素,虾青素是一种很强的抗氧化剂,小龙虾体内的蛋白质含量也很高,且肉质松软,易消化,尤其适宜体弱或病后需调养的人群食用。虾肉内富含镁、锌、碘、硒等元素,因其肉质细嫩、味道鲜美而备受人们的青睐。自2010年以来,其养殖的规模逐年扩大,特别是2015年以来,呈爆发性增长。

成虾体长7~13厘米(眼至尾扇的距离),体重20~60克,甲壳呈青色或者深红色(图1-1)。虾体分头胸和腹两部分,头部具5对附肢,其中2对触角较发达,胸部具8对附肢,前3对附肢均有螯,第一对特别发达,与蟹的螯相似,尤以雄虾更为突出,后5对为步足。腹部较短,有6对附肢,前5对为游泳肢,不发达,末对为尾肢,与尾节合成尾扇,尾扇发达。雌虾在抱卵期和孵化期,爬行或受敌时尾扇均向内弯曲,以保护受精卵或稚虾免受伤害。雄虾的第二腹足内侧有1对细棒状带刺的交握器。

小龙虾适应性强,在水温为8~30摄氏度时均可正常生长发育,可耐

图1-1 小龙虾

受40摄氏度以上的高温和0摄氏度的低温,在5摄氏度左右开始觅食活动,在溶氧充足的情况下,可在结冰的水面下安然越冬。

小龙虾生长迅速,在温度适宜、饵料充足的情况下,规格5克/只左右的虾苗一般经45天左右的养殖,即可达到商品虾规格,性腺开始发育。小龙虾的生长伴随蜕壳行为,一般寻找隐蔽物(如水草丛中或植物叶片下)蜕壳。蜕壳后最大可翻倍增重,一般蜕壳11次即可达到性成熟,性成熟个体可以继续蜕壳生长。小龙虾的寿命不长,绝大部分寿命约为1年,最长为2年以上。

小龙虾属于杂食动物,自然水体中可摄食腐殖质、碎屑以及水生植物、浮游生物,死亡的小鱼、小虾、底栖生物也是它的食物的重要组成部分。小龙虾体内虾青素的含量跟其抵御外界恶劣环境的能力呈正相关,其体内虾青素含量越高,抵御外界恶劣环境的能力就越强。小龙虾自身无法产生虾青素,主要是通过食物链——食用微藻类、水草等获取虾青素,并在体内不断富集,产生超强抗氧化能力。虾青素能有效增强小龙虾抵抗恶劣环境的能力,显著提高其繁殖能力。

二 小龙虾的繁殖特性

小龙虾在繁殖季节喜掘穴。洞穴位于稻田田埂、池塘塘埂内侧水位线上、下20厘米左右,以水面上为多,喜欢在有杂草等遮蔽物的地方掘洞,洞穴深度一般超过30厘米,最深达1米,内有少量积水,以保持湿度,洞口一般以泥帽封住,以减少水分散失。在夏季的夜晚或暴雨过后,习惯攀爬上岸,可越过堤坝,进入其他水体。

小龙虾雌雄异体,并且具有较显著的第二性征。雌雄首先可通过腹部游泳肢的形状加以区分,雄虾腹部第一游泳肢特化为交合刺,而雌虾第一游泳肢特化为纳精孔;其次,两者的螯足具有明显差别,雄性螯足粗大,螯足两端外侧有一明亮的红色疣状突起,而雌虾螯足比较小,疣状突起不明显;第三,雄虾螯足较雌虾粗大,个体也大于雌虾(图1-2)。小龙虾的卵巢(图1-3)发育持续时间较长,通常在交配以后,视水温不同,卵巢需再发育2~5个月方可成熟。在生产上,可从头胸甲与腹部的连接处进行观察,根据卵巢的颜色判断性腺成熟程度,一般把卵巢发育分为苍

图1-2 雄虾(左)与雌虾(右)

图1-3 卵巢

白色、黄色、橙色、棕色(或茶色)和深棕色(或豆沙色)5个阶段。其中,苍白色是未成熟幼虾的性腺,细小,需数月方可达到成熟;橙色是基本成熟的卵巢,交配后需3个月左右可以排卵;棕色和深棕色是成熟的卵巢,是选育亲虾的理想类型。精巢较小,在养殖水体中,一般与卵巢同步成熟。在生产过程中,一般采用逐步排干水体的方法,来刺激小龙虾的性腺成熟,促进亲虾交配产卵。

小龙虾常年均可繁殖(因个体发育不同步),5~9月份是其交配高峰期,3~5月份、9~11月份是排卵孵化高峰期。交配一般在水中的开阔区域进行,适宜交配的水温范围较大,从15摄氏度到31摄氏度均可进行。在交配时,雄虾通过交合刺将精子注入雌虾的纳精囊中,精子在纳精囊中贮存2~8个月,仍可使卵子受精。雌虾在交配以后,便陆续掘穴进洞,卵巢在交配后需2~5个月方才最后成熟,当卵巢成熟以后,可以在洞穴内完成排卵、受精和幼体发育的过程,也可以在洞穴外完成。受精卵为紫黑色,黏附于雌虾腹部游泳肢的刚毛上,抱卵虾经常将腹部贴近洞内积水,以保持卵处于湿润状态。小龙虾的抱卵量较少,根据规格不同,抱卵量一般在100~700粒,平均为300粒。卵的孵化时间为14~24天,但低温条件下,孵化期延长为2~3个月。

小龙虾幼体在发育期间,不需要任何外来营养供给,刚孵出的仔虾需在亲虾腹部停留数天至数十天,方才脱离母体。若条件不适宜,仔虾可在洞穴中不吃不喝数周,当稻田、池塘灌水以后,仔虾和亲虾陆续从洞穴中爬出,自然分布在稻田、池塘中,有时亲虾会携带幼体进入水体之中,然后释放幼体。小龙虾虽然抱卵量较少,但幼体孵化的成活率很高。由于小龙虾分散的繁殖习性限制了苗种的规模化生产,给集约性生产带来不利影响,但也给小养殖户自繁自育虾苗提供了方便。

三 小龙虾的生活环境

小龙虾主要生活在水体较浅、水草丰盛的湿地、湖泊、河沟和池塘、稻田中。小龙虾虽然可以生活在一些水体环境较差的水沟中，但最适宜的生长环境仍是水质清新、溶氧丰富、水草丰盛、底质干净的浅水域。小龙虾在pH为6~9的水体中均可成活，但pH为7~8的弱碱性水体更适宜小龙虾生长。小龙虾可攀爬至水面呼吸，故可在低溶氧环境下存活，但只有在溶解氧为3毫克/升以上时方可正常生长。小龙虾对菊酯类农药、有机磷农药较敏感。

第二节 稻田养虾的前期准备工作

一 养殖场址选择

稻虾种养基地要选择地势平坦，土地肥沃，水电路三通，水源充足，水质良好，通风条件良好，周围无污染源，保水能力较强的地域。雨季水多不漫田，旱季水少不干涸，无有毒污水流入。农田水利工程设施要配套，有一定的灌排条件。丘陵地区在水源有保障的情况下可发展小龙虾苗种生产。

保水力强、渗漏力小、土质肥沃的黏性土壤稻田最适宜养虾，而矿质土壤、盐碱土以及渗水漏水、土质瘠薄的稻田养虾效果不佳，如果要发展小龙虾养殖，则要对不适宜的土壤进行改造。

面积可大可小，单户养殖面积以50~200亩为宜，田块面积以5~30亩为宜。

二 田间改造

养虾稻田的田埂要加高、加宽,田面可正常保持80厘米以上的水位。加高加宽田埂可采取两种方式:一是直接在稻田四周开挖环沟,用挖出的泥土加高加宽田埂,环沟保留在稻田中,即为有环沟稻田养虾;二是在稻田外取土或者在稻田中均匀挖出泥土加高、加宽田埂(图1-4),也

图1-4 利用周边沟渠中的泥土加固田埂

图1-5 小龙虾防逃设施

可以根据地势将高处的泥土堆起来做成田埂,即为无环沟的平田养殖模式。一般田埂高1米以上,宽2米以上,田埂加固时每加一层泥土都要打紧夯实,要求做到不裂、不漏、不垮,在满水时不能崩塌跑虾。环沟和坑凼的面积不超过稻田总面积的10%。

用塑料薄膜、聚乙烯网布、玻璃、彩钢瓦等沿田埂四周设置防逃设施(图1-5)。稻田开设的进排水口应用双层密网(80目网布做成的长3米以上的网袋)防逃,同时也能有效地防止蛙、野杂鱼卵及幼体进入稻田危害蜕壳虾。同时,为了防止夏天雨季堤埂被冲毁,每块稻田应设置一根备用排水管。有条件的可在基地四周建设钢丝网,以便于管理。

三 配套工程建设

1.进排水渠道及管道

进水管道采用PVC等材质管道,通达每个田块,在进水口设置一个泵站,在每个田块入水口处设置一个控制阀,使每块田均可独立进水。排水渠道可以采用明渠,渠道中栽种多种水草,既具有一定的净化作用,又可为养殖区提供草种。排水渠的尽头可根据需要建设养殖尾水生态处理系统,处理后的尾水可循环利用。排水管采用双管模式,一根备用,保证排水通畅。同时,排水管可采用双套管等形式,以排底层水为主。

2.仓库及管理房

根据需要建设饲料仓库和地笼等生产资料仓库。饲料仓库要求不漏雨,地面不积水,饲料放置要求底部架空、不贴墙面。

3.视频及水质监测

在基地入口及重要位置安装摄像头,合理利用科技手段加强对基地的管理,有条件的可安装水质在线监测系统,随时对水质状况进行监控。

4.增氧系统

小龙虾养殖田块与鱼塘不同,有条件的可安装水车式增氧机、自沉管微孔曝气增氧系统,在水稻种植期间将增氧系统撤出田面。

四 养虾前新稻田环境的营造

1.田面平整和旋耕

在水稻收割后晒田10天,将田面翻耕或者旋耕,将稻草旋耕到土壤

中,后期在栽草前都不要加水,保持半干半湿状态,减少稻草在地表腐烂败坏底质,减轻对水体的影响,促进水草生长。

2.杀灭敌害

种草前10~15天,稻田用生石灰50千克/亩或漂白粉5千克/亩进行消毒,杀灭鱼类、蛙卵、鳝、鳅及其他水生敌害、寄生虫和致病菌等。进水口必须用80目以上网袋进行过滤,减少野杂鱼和其他敌害进入养殖田块。

3.水草栽培

投苗前50天种植伊乐藻(图1-6右),并上水20厘米左右,伊乐藻生根发芽后可定点施少量复合肥(以磷、钾肥为主),以促进水草生长。水质保持肥活嫩爽,但不可过肥,要保持40厘米左右的透明度。除伊乐藻外,龙虾养殖还可以栽种轮叶黑藻(图1-6左)、苦草、菹草等沉水植物和小米草、黑麦草等挺水植物。

(1)伊乐藻。伊乐藻是一种优质、速生、高产的沉水植物,原产美洲。其营养丰富,可以净化水质,防止水体富营养化,有助于营造良好的水质环境。伊乐藻叶片3枚轮生,适应力极强。只要水上无冰即可栽培,气温在5摄氏度以上即可生长,在寒冷的冬季能以营养体越冬,春天气温回暖后,在苦草、轮叶黑藻尚未发芽时,伊乐藻已大量生长。其在高温时生长放缓。

图1-6 轮叶黑藻(左)和伊乐藻(右)

伊乐藻具有鲜、嫩、脆的特点,是小龙虾的天然饵料,当饵料不足时,小龙虾会大量摄食伊乐藻。伊乐藻的营养丰富,干物质占8.23%,粗蛋白为2.1%,粗脂肪为0.19%,其茎叶和根须中富含维生素C、维生素E和维生素B$_{12}$等,可以补充投喂谷物和其他饲料而造成的多种维生素不足。伊乐藻还含有丰富的钙、磷和多种微量元素,其中钙的含量尤为突出。此外,伊乐藻中还含有1.9%的粗纤维,这有助于小龙虾对多种食物的消化和吸收。

虾田种植伊乐藻,可以净化水质,防止水体富营养化。伊乐藻不仅可以在光合作用的过程中释放出大量的氧,还可吸收水中不断产生的大量有害氨态氮、二氧化碳和剩余的饵料溶失物及某些有机分解物,有利于稳定水体酸碱度,使水质保持中性偏碱,增加水体的透明度,对促进小龙虾蜕壳、提高饲料利用率、改善小龙虾品质等都有着重要意义。

虾田合理种植伊乐藻,还可营造良好的生态环境,供小龙虾活动、隐藏、蜕壳,使其较快地生长,可降低发病率、提高成活率。但若伊乐藻过多,则会封闭田底,造成底部缺氧,进而导致伊乐藻的根部死亡、腐烂,并败坏水质,可引发小龙虾病害。

(2)轮叶黑藻。轮叶黑藻俗称温丝草、灯笼泡、灯笼薇、转转薇等,是多年生沉水植物,茎直立、细长,长50~80厘米,叶带状披针形,4~8片轮生,通常以4~6片为多,长1.5厘米左右,宽1.5~2厘米。叶缘有小锯齿,叶无柄。广泛分布于池塘、湖泊和水沟中。休眠芽呈长卵圆形,苞叶多数呈螺旋状紧密排列,白色或淡黄绿色,狭披针形至披针形。性喜温暖,耐寒,在15~30摄氏度的温度范围内生长良好,越冬不低于4摄氏度。

轮叶黑藻只有须状不定根,在每年的4~8月份,草的茎秆插植3天后就能生根,形成新的植株。一般在谷雨前后,将田面水排干,留底泥10~15厘米,将长至20厘米以上的轮叶黑藻切成长10厘米左右的段节,每亩按30~50千克均匀播撒,并轻拍,使茎节部分浸入泥中,再将田面水加至15厘米深,约20天后全池都会覆盖着新生的轮叶黑藻。此时可将水加至30厘米深,以后逐步加深池水,不使水草露出水面。移植初期应保持水

质清新,不能干水。

每年的12月份到翌年3月份是轮叶黑藻芽苞的播种期,应选择晴天播种,播种前池水加注新水10厘米,每亩用种500~1 000克,播种时应按行、株距各50厘米将芽苞3~5粒插入泥中,或者拌泥沙撒播。当水温升至15摄氏度时,5~10天开始发芽,出苗率可达95%。

五 首年种虾、虾苗的选择和投放

首年(特指以前未养殖过小龙虾的稻田)养虾,必须要购买虾苗或者种虾,小龙虾的放养方法根据不同的市场行情,可选择不同的放养方式,既可以投放种虾,也可以投放虾苗。

(1)投放种虾。每年的7~8月份,在中稻活棵后至第二次晒田之前,将精心挑选的成熟度好的小龙虾亲虾(图1-7)(种虾来自不同的水体更好)直接放养在稻田内,让其自行繁殖,雄雌比例按1:3,每亩投放10千克左右(专业繁殖苗种的田块可投放30~50千克)。亲虾可自行摄食稻田中的有机碎屑、浮游动物、水生昆虫、周丛生物及水草等。稻田的排水、晒田、收割均可正常进行。

(2)投放虾苗。以放养人工繁殖的幼虾为主,投放规格4~6克/只最佳,放养时间在3~5月份。亩放6 000只左右。

放苗操作:在稻田放养虾苗,时间一般选择在天气凉爽、水温稳定的晴天且在早晨太阳出来之前,这有利于放养的小龙虾适应新的环

图1-7 亲虾

境。小龙虾苗种在放养时要试水,试水安全后,才可投放幼虾。放养时,沿田块四周多点投放,使小龙虾苗种在田内均匀分布。小龙虾在放养时,要注意幼虾的质量,放养时一次放足,后期捕捞后可根据需要补充。虾苗运输距离越近越好,起捕与运输时间以不超过3小时为宜,避免风吹日晒;如果运输时间过长,可采用恒温车运输,中途要洒水,保持湿度,不可使虾苗缺水。

▶ 第三节　小龙虾苗种的繁育

一　稻田早虾苗繁殖

即5月下旬到7月底前投放较成熟种虾,配套种植生育期不超过130天的水稻。当年9月份完成水稻收割,秋季繁育苗种,培育大规格的幼虾越冬。第二年成虾早上市,可满足早期市场消费的需要,能获取较高的经济效益。

1. 水稻种植

虾苗繁育田块的水稻在5月上旬插秧为宜,最迟不得迟于6月上旬,选择生长期短(不超过130天,越短越好)、适合早播的杂交水稻品种。人工插秧、抛秧或者机插秧皆可。水稻日常管理按常规水稻正常管理即可,病虫害防治选择生物农药和物理防治方法。

2. 种虾投放

在水稻扎根后,即5月下旬到7月底前投放较成熟种虾,种虾来源尽量多样化,雌虾与雄虾比例在3:1以上。5月份投放的种虾比较便宜,且繁殖时间相对较早,但成活率较低。7月份后投放的种虾成活率较高,但

难以挑选到成熟度好的种虾,价格也较高。选择种虾时以硬壳红虾为宜,对于中青虾、大青虾要谨慎投放,其成活率低。

种虾投放后,如果种虾投放量大,可少量投喂黄豆和精饲料,但不可大量投喂饲料(以免小龙虾大量蜕壳生长,生殖发育变缓),种虾投放量较少的可不投喂。

水位管理按照水稻需求来管理即可,有环沟的虾田在第二次晒田时要将环沟水沥干,并清除野杂鱼,用生石灰对环沟底部进行消毒。在水稻生长过程中,也可不断升降水位,干干湿湿,以促进小龙虾早发育、早进洞、早繁殖。田埂内坡要有杂草等遮挡,没有杂草的可用饲料袋等铺于田埂内侧水线上下,以便于小龙虾打洞。

3.小龙虾孵化

水稻收割前20天左右放水晒田,水稻收割时秸秆留最高茬,碎稻草可以在田中打成小堆,有条件的喷洒发酵菌剂,后期上水时可产生一些天然饵料生物供小龙虾摄食,也可使水色加深,这对防止青苔滋生有益。

收割后一般晒田10天左右上水,晒田时间可结合洞内的种虾发育抱卵情况,若种虾发育不佳,洞内无抱卵虾,可多晒一段时间,一般保持种虾封洞时间1个月以上再上水以更好地逼迫种虾抱卵孵化。

第一次上水时满灌3天,3天后降水至高于田面10厘米左右。随后,当稻草开始腐烂,水体变红、变黑时开始加水,并施用益生菌调节水体,入冬前水位保持在20厘米左右(图1-8)。冬季水温降到10摄氏度以下时,将水位提高到30厘米以上,长江

图1-8 上水后的虾苗田

流域不超过50厘米,尽量保持水稻秸秆有部分露出水面,淮河流域以北冬季气温较低的地域可适当加深水位,以免冰层下水体过少,导致虾苗冻伤。

二 小龙虾虾苗的培育

1.肥水育苗

上水前用足底肥,水稻收割后,需要每间隔5~7米旋耕3米(用于后期种植水草)(图1-9),旋耕前在旋耕区域每亩施用发酵腐熟的农家肥100千克左右(根据田块土壤肥力决定)或者商品有机肥50千克左右。

一方面促进后期水草生长,一方面缓慢向水体中释放肥力,以保证上水后水质保持肥、活、嫩、爽。上水后,一开始由于稻草的腐烂,产生红黑水,氨氮、亚硝酸盐升高,甚至产生硫化氢等有毒有害物质。此时可加水稀释,同时使用益生菌降解水体中的肥料及有害物质,促进藻类繁殖生长,提高水体的肥度。

秋季每7天左右使用1次益生菌,以提高水体活性,保持水体清爽,水体肥力不够时应及时补充肥料,用菌要保证水体的肥度,否则会导致

图1-9　间隔旋耕的虾田

水体过瘦。如果水体中藻类偏少,可适当补充硅、绿藻种,秋、冬季以补充硅藻种为宜。冬季选择连续晴好天气补肥、补菌,保持水质。

2. 水草种植

虾苗田可在10月底11月初种植伊乐藻,不宜过早种植;每隔5~7米在旋耕的3米区域内栽种,株间距为5米。虾苗田水草覆盖面积要较成虾田小,占比不超过30%,以利于水质调节和虾苗起捕。如果是有环沟的虾苗田,可于9~10月份在环沟中种植蒣草,面积占比不宜超过30%。

3. 饲料投喂

在虾苗1~3厘米阶段,可投喂发酵粉料,主要成分为菜籽饼、豆粕、米糠、麸皮、玉米面、发酵剂等,也可泼洒、投喂豆浆。发酵粉料的一种配方:菜籽饼50%+豆粕20%+米糠(麸皮)10%+玉米面20%,再加入专用的发酵菌剂,50千克干料加水25千克左右,发酵3~5天。发酵粉料既可以被虾苗摄食,其残余物也可以肥水。虾苗长至3厘米后,可以适当添加小粒径颗粒饲料以及黄豆投喂,冬天在晴好天气时选择性地投喂少量饲料或者黄豆,不用每天投喂,以免浪费。开春,水温高于10摄氏度时,加大投喂量和频次,饲料选择蛋白含量大于32%的优质饲料,可搭配投喂自制发酵粉料。

4. 青苔处理

稻田中如果有少量青苔,可不用处理,对小龙虾苗生长影响不大。水下青苔覆盖面积超过一半时可选择腐植酸钠遮光处理;如果是漂浮在水面上的青苔,超过一半面积时可利用排水管排到田外,在排水管外面捞出,也可用生石灰、漂白粉化水对青苔进行泼洒点杀,每次点杀青苔不超过总面积的四分之一,3~5天后再次点杀,每次生石灰用量不超过5千克/亩,漂白粉不超过0.5千克/亩,且不可在一处集中点杀,要全田均匀分片使用。青苔腐烂过程中要使用益生菌调节水质。

5.虾苗起捕

虾苗达到2.5克/只时,即可起捕分田,因此在平时巡塘、放置观察地笼时要注意虾苗的长势。从10月中下旬开始,可在虾苗田里放置观察地笼,察看虾苗长势。如果虾苗长势好,要提前做好成虾田的准备工作,成虾田需提前40天左右上水并种植水草。起捕时地笼数量要足够多,每亩用大地笼1个、小甩笼2个左右,以加快起捕分田速度。

第四节　主要稻虾种养模式

一　繁养一体模式

繁养一体模式指的是小龙虾繁育、养殖和水稻种植在同一田块内完成,包括稻虾轮作、稻虾共作等,一般在每年6~10月份以水稻种植为主,10月份至来年6月份以小龙虾繁育、养殖为主,有无环沟皆可开展。该模式操作简便,投入可高可低,可以以虾苗出售为主,也可以以成虾养殖为主,适用范围较广,在2020年以前是主流养殖模式。近年来,虽然繁养分离模式在各地都有推广,但繁养一体模式还是有着较强的生命力,在全国不少地区仍是主要的养殖模式。

1.水稻种植及夏季管理

在6月中旬,小龙虾养殖基本结束前,逐步降水,直至水位降至田面上5厘米左右,将田面上小龙虾起捕完毕。如有环沟,环沟中的虾苗、成虾密度不可过大,否则会对田面上的秧苗造成伤害。田面旋耕一遍,开始栽插秧苗或者抛秧(以机插秧、人工插秧、抛秧为好,可将水稻的收割期提前,以减少除草剂的使用)。如果是机插秧,田中耕作层较松软,可

以不旋耕。一般水稻生长1个多月后,待有效分蘖达标,放水晒田,晒到田面开裂、田中站人不陷,之后开始上水,后期水肥管理按照水稻正常管理即可,在水稻收割前要再次排干田中的水,包括环沟和坑凼中的水,在环沟、坑凼中的水位为5~10厘米时,对环沟、坑凼用生石灰或者漂白粉进行消毒,每亩用生石灰75千克或者漂白粉10千克(按环沟、坑凼的面积计算用量)。水稻收割时可按收割机最高位进行留茬,有条件的可对碎稻茬、稻叶进行收集,并在田中就地打捆、打堆。

2.虾苗繁殖及秋冬季管理

水稻收割后,稻田暴晒7天左右(根据天气情况),有环沟的田块在水稻收割后即可提前上水,先上半沟水,并种植菹草、伊乐藻。田晒好后,上水至田面上3~5厘米,对田面进行旋耕,每隔5~7米旋耕3米宽(也可全田旋耕,来年虾苗不用于销售或者分塘,主要养殖成虾),用来种植水草。旋耕前在旋耕区域施用充分发酵腐熟的农家肥100千克/亩左右或者复合肥10千克/亩左右(按总面积计算肥料用量)。旋耕后立即上水至最高水位,并保持3天,逼出种虾甩子,然后逐步降水至高于田面10厘米左右。随后,当水开始变红变黑时加水,适当使用益生菌,入冬前水位保持在20厘米左右。冬季随着水温下降,可适当加深水位,田面保持30~40厘米水深(北方寒冷地区要继续加深水位),尽量保持残留的水稻秸秆有部分露出水面。

水质调节。上水后需保持水质肥、活、嫩、爽,秋季每7天左右使用1次益生菌,以提高水体活性、保持水体清爽,水体肥力不够时及时补充肥料。如果水体中藻类偏少,可适当补充硅、绿藻种。冬季选择连续晴好天气补肥补菌,保持水质。如果发生青苔,可选择腐植酸钠遮光处理。如果青苔没有封闭田面,一般对虾苗影响不大,但青苔生长暴发时,会导致水体变得清瘦。青苔集中腐烂时会产生有毒有害物质,导致水体变坏,严重时会导致虾苗死亡。因此,在青苔漂浮腐烂前要及时捞出,水质发生恶化时要及时换水、解毒、投放益生菌以改善水质。

饲料投喂。虾苗体长为1~3厘米阶段,可投喂发酵粉料,主要成分为菜籽饼、豆粕、米糠、麸皮、玉米面、发酵剂等。发酵粉料既可以被虾苗摄食,吃不掉的也可以肥水。冬天在晴好天气时可选择性地投喂少量饲料或者黄豆,每3~5天1次即可,以免浪费。开春,水温高于10摄氏度以上时,根据虾苗大小和密度加大投喂量和频次,饲料选择蛋白含量大于32%的优质饲料,可搭配投喂自制发酵粉料。虾苗达到上市规格后,如果虾苗密度大,要及时起捕销售,同时将上年的老虾起捕销售,起大留小。4月份,当虾苗密度达到合适时,加强投喂管理,养殖成虾。

3.虾苗起捕及春季管理

开春后,可停止起捕虾苗,做好水草维护、水质调节和饲料投喂工作,开始养殖成虾,也可一直起捕出售虾苗及少量成虾,可根据自身虾田的条件及市场行情合理选择。

水草管理。伊乐藻等水草占田面不超过50%,不低于30%,伊乐藻在11~12月份移栽,在旋耕的3米宽条块内不规则栽种。在4月份,伊乐藻即将露出水面时,要及时割去其上部分,留下三分之一到一半高度即可。割草时要注意水浑浊时不割、阴雨天不割、水位过深不割,分区、分时割。水草割后可施用草肥促进水草恢复萌发。

饲料投喂。春季饲料要满负荷投喂,小龙虾能吃多少喂多少。一般日投喂量在0.5~4千克/亩,个别养殖户由于田中小龙虾存塘量大,日投喂量会达到5千克/亩以上。温度低时小龙虾摄食量少,少投喂;温度高时,增加投喂量;小龙虾个体大、数量多,多投喂;天气晴好多投喂,阴雨天少投喂;虾田生态环境好、天然饵料多,可少投喂;在下午投食前小龙虾活动量大,水体出现浑浊,可适当增加投食量,或者在早晨增加投喂1次。

在虾田中可以设置几个投饵台，平时观察小龙虾吃食情况，如果2小时内吃完，可增加饲料投喂量；如果6小时未吃完，可适当减少饲料投喂量。选择优质饲料，粗蛋白含量为32%~36%，颗粒料、膨化料皆可。

水质管理。在水温上升到10摄氏度以上时，要根据水体肥度及时补充肥料，并定期使用益生菌（多种有益菌组成的复合菌最佳）调节水质。5月份开始，因大量投喂饲料，小龙虾粪便、水草稻草腐烂所产生的有机物增多，此时要尽量少用或不用有机、无机肥料，并定期补充益生菌，适当补充碳肥，保持水质活、嫩、爽，调节水体的肥度（藻相），控制蓝藻的产生。在4月下旬至6月上旬要改底3~4次，生物改底与化学改底交替使用。

起捕销售。田中小龙虾达到中虾规格时（20~30克/只），可根据田中小龙虾密度开始起捕销售。小龙虾密度过大，会对水草及水质带来较大压力。开始起捕，捕大留小，直到田中小龙虾密度达到合理水平、起捕效率下降时停笼停捕，待小龙虾生长一段时间后，大规格小龙虾密度上升后，再继续下笼起捕。在养殖过程中，一旦发现小龙虾开始大量死亡，要立即全力起捕，连续起捕5~7天，同时采取停食、换水、用菌等措施，一般小龙虾病害会得到有效控制，死亡会减少或者停止。6月上旬，小龙虾起捕结束前逐步降水，降水过程中可再加少量水，反复2次，可提高小龙虾起捕率。最后落水进沟，平田要干田，留3~5厘米深的水，旋耕插秧种植水稻。水稻栽种后，有环沟的虾田可继续在环沟中捕捞成虾，但应该注意在8月份后才开始捕捞，在6~7月份应让成熟的小龙虾进洞，以便于繁育早虾苗。

种虾补充。有环沟的虾田，7~8月份每亩可补充种虾2.5~5千克，以野生小龙虾最佳，平田可在第一次晒田后（8月份前后）每亩补充5~10千克种虾。

4.时间节点

1月1日~3月1日,维护水草,调控水质,培肥培藻(以硅藻为主)。

3月1日~4月20日,投放虾苗,开始投喂,早期以蛋白含量为32%以上的优质饲料为主。第二年的塘口可以开始捕大留小出售。

4月20日~6月1日,投喂饲料,饲料蛋白为32%左右,捕捞销售,捕大留小;也可以在5月份后搭配投喂大豆等天然饲料。

6月1日~6月25日,降水、起虾、整田、插秧。

6月25日~7月15日,秧苗定根生长,水位5厘米左右,封住杂草生长。

7月15日~8月5日,第一次晒田,田面开裂1厘米以上。

8月5日~9月5日,上水(投放种虾也在此时段)。

9月5日~10月10日,晒田,水稻收割后,留田稻草和稻茬,在阳光下曝晒7天左右。

10月10日~10月20日,上水,一次性上到超过田面10厘米,旋耕栽草区域(每隔5米旋耕3米宽区域)。

10月20日~11月30日,调水、培藻(以硅藻为主)、防控青苔,可投喂豆浆、粉状发酵饲料。

12月1日~12月31日,调水、种草、防控青苔,天气晴好时少量投喂饲料。

二 繁养分离模式

繁养分离模式是指虾苗的繁育和成虾养殖分离的模式,既可以以田块分离,也就是一个养殖户或者养殖场拿出部分田块进行虾苗繁育,另一部分田块进行成虾养殖;也可以以户、以基地分离,也就是在适合育苗的地区和专业苗种场大规模繁育虾苗,在适合成虾养殖的地区或者养殖基地专门养殖成虾,实现养殖、繁育专业分工。

1.虾苗繁育田块管理

参考本章第三节的内容。

2.成虾田管理

成虾田种植中籼稻或粳稻,选择高产优质抗性强的稻种,在6月下旬至7月上旬栽秧,机插秧、人工插秧、抛秧均可,延长成虾生长期。有环沟的成虾田中,4~5月份自繁的虾苗在8~10月份捕捞上市。

成虾田在水稻收割时,留低茬,将稻草收集起来,在虾苗田边打堆发酵,或者在成虾田田角、环沟中打堆发酵肥水,干田旋耕(留低茬的田可不耕),环沟中水位低于田面10厘米左右,让田暴晒,根据虾苗生长情况及时上水、肥水、栽草,一般在放苗前50天左右上水、种草。

水草一般栽种伊乐藻,行距1.5米栽1行,横向栽3列,空5~7米后再栽,环沟中可种苲草和伊乐藻。

12月份至来年3月份投放虾苗,每亩投放虾苗6 000只左右。第一批虾苗在3月份放苗结束。如果自育的虾苗不足,要及时就近购买虾苗补充,保证虾苗及时放足。

在水温上升到10摄氏度以上时,要根据水体肥度及时补充肥料,并定期使用益生菌(多种有益菌组成的复合菌最佳)调节水质。5月份开始,因大量投喂饲料,小龙虾粪便、水草稻草腐烂所产生的有机物增多。此时要尽量少用或不用肥料,并定期补充益生菌,适当补充碳肥,保持水质活、嫩、爽,调节水体的肥度(藻相),控制蓝藻的产生。在4月下旬至6月上旬要改底3~4次,生物改底与化学改底交替使用。

4月上旬,第一批投放的虾苗已达上市规格,可陆续捕捞上市。

5月上旬,第一批成虾捕捞结束,如果田中水草长势良好,没有老化的迹象,可在4月底5月初投放虾苗5 000只/亩左右。如果伊乐藻长势一般,并且伊乐藻下半部分发黑、发黄,草根发黑、发黄、腐烂,可将田水排干,晒田3~5天,让伊乐藻贴到田面上,重新生根萌发,再逐步上水,当伊乐藻长势旺盛后,可重新投放虾苗,每亩投放6 000只左右。

根据田中小龙虾的数量和大小,继续投喂饲料,可适当添加投喂大豆等杂粮及发酵饲料,根据行情和种稻时间以及田中虾的数量,适时捕捞,捕大留小。

5月下旬至6月上旬开始人工育秧,6月下旬至7月上旬可降低水位,捕捞大部分成虾,田面上的虾要捕尽,开始插秧,以人工插秧、机插秧、抛秧为宜。

8月上中旬开始第一次烤田,烤至田中开裂1厘米以上、走人不陷,以不伤秧苗为准。后上水,水位要保证水稻生长需要。此时水位一般较深,为15~20厘米。如果有自育的虾苗,可向田中投放虾苗,亩放3 000只左右,养殖1个月左右起捕上市。

到水稻扬花灌浆后,根据水稻生长的需要,在9月下旬到10月份开始第二次烤田,直至水稻收割。此次烤田要把环沟中的水排干,并用生石灰消毒。

3.投饵管理

虾苗阶段先通过施足基肥,适时追肥,培育大批枝角类、桡足类以及底栖生物。10月份,虾苗离体时,可补充豆浆和发酵粉状饲料。在人工饲料的投喂上,一般直接投喂优质配合饲料,搭配少量动物性饲料、植物性饲料。投喂时掌握定时、定量、定质、全田遍撒的投饵技巧。一般在下午投喂,冬季温度低时可在上午投喂。日投喂饲料量为虾体重的4%~7%,高峰期可达10%以上。平时要坚持勤检查虾的吃食情况,当天投喂的饵料在2小时内被吃完,说明投饵量不足,应适当增加投饵量;如果第二天还有剩余,则投饵量要适当减少。

7~9月上旬以投喂配合饲料和植物性饲料为主,种虾应少量投喂高

蛋白饲料和大豆,以促进性腺发育,提前繁殖。冬季天气晴好时,每2~3
天在中午投喂1次。从翌年3月份开始,逐步增加投喂量。

4.收获

繁养分离的虾田,在小龙虾达到上市规格时,要及时捕捞,可捕大留
小、轮捕轮放,具体的起捕时间可根据市场行情和养殖需要灵活掌握。

三 稻虾平田养殖模式

稻虾平田养殖模式是指无环沟稻虾轮作或共作养殖模式,既可以繁
养分离,也可以繁养一体。繁养分离模式,一般用20%左右的稻田育苗,
80%左右的稻田养殖成虾。育苗田可以专用,也可以轮换使用。可以不
育苗,全部购买虾苗养殖成虾;也可以全部育苗,以繁育早虾苗为主,或
者本田养殖成虾。具体采取何种模式根据实际情况决定。

1.田间工程

(1)工程标准:成虾田面积以10~30亩为宜,田埂埂面宽度2米以上、
高度1米左右,专用虾苗繁育田面积5亩左右为宜,田埂高度50厘米左
右。稻田四周要挖一道宽1米、深30厘米的沥水沟,在排水口处挖一个
20平方米左右的坑凼,深80厘米左右,方便晒田沥水、干田时聚集杂鱼或
小龙虾。进、排水系统分开,虾田一端进水、一端排水,进水系统可用
PVC管道,排水系统采用明渠。在水源紧张地区,排水渠末端接入循环
水处理系统,以便处理后再次使用。循环水处理系统可以采用过滤坝+
生态塘(两坝一塘)的系统,生态塘种植沉水水草或与生物浮床相结合,
水草品种主要是四季苦草、轮叶黑藻、金鱼藻等,生物浮床主要种植水芹
菜和空心菜,投放螺蛳,生态塘可放养花白鲢以及不超过200只/亩的蟹
或者鳖,少量泥鳅,这样既处理了种植养殖尾水,又可获取一定的收益。

(2)老养殖田块改造:老旧的稻虾田要对环沟进行平整,可以对过

高、过宽的田埂进行降高、降宽,泥土回填进环沟,缺少的土方可在田面就近取土。平养稻田可在出水口留一方沟、一段沟或一个排水凼,方便沥水、清杂,也可作为干田时收集虾田中泥鳅、黄鳝、甲鱼等水产品的场所。

(3)新发展稻虾田改造:对于新发展的稻虾田,直接加高、加固田埂,在排水口位置挖一段排水沟凼,面积为20平方米左右。

2. 虾苗繁育

(1)水稻种植:虾苗繁育田块在5月上旬种植水稻,选择生长期短、适合早播的杂交水稻。人工插秧、抛秧或者机插秧较好。水稻日常管理正常进行即可,病虫害防治选择生物农药。

(2)种虾投放:在水稻扎根后,即5月下旬到7月份投放较成熟种虾,早期少量试投放,第一次晒田后,即6月下旬至7月份可以大量投放,来源尽量多样化,雌雄比为3:1左右。种虾投放后,可少量投喂黄豆或不投喂。

(3)秋冬季管理:

上水时间:水稻收割前20天左右放水晒田,水稻秸秆留最高茬,收割后晒田10天左右,查看虾洞中的种虾有部分已抱卵,即可上水逼出种虾抱卵孵化。

水位管理:第一次上水时满灌3天,3天后降水至高于田面10厘米左右,随后,当水开始变红、变黑时加水,入冬前保持水位在20厘米左右。冬季水温降到10摄氏度以下时将水位提高到30厘米以上,长江流域不超过50厘米,尽量保持水稻秸秆有部分露出水面,淮河流域可在60厘米左右。

水质调节:上水前下足底肥,水稻收割后,需要间隔5~7米旋耕3米,旋耕前在旋耕区域每亩施用发酵腐熟的农家肥100千克左右(根据田块

土壤肥力决定)或者商品有机肥50千克左右。一方面促进后期水草生长,一方面缓慢向水体中释放肥力。保持水质肥、活、嫩、爽,上水后,开始时由于稻草的腐烂,水质恶化,发红、发黑,氨氮、亚硝酸盐升高,甚至产生硫化氢等有毒有害物质。此时可通过加水或使用益生菌稀释、降解水体中的肥料及有害物质,部分益生菌会将不易被藻类吸收的肥料分解成易吸收利用的成分,从而促进藻类的繁殖生长,提高水体的肥度。秋季10天左右使用一次益生菌,提高水体活性,保持水体清爽,水体肥力不够时应及时补充肥料。如果水体中藻类偏少(水体颜色很浅,清澈见底),可适当补充硅、绿藻种。冬季选择连续晴好天气补肥、补菌,保持水质。如果有少量青苔,可不用处理,覆盖面积超过一半时可选择腐植酸钠遮光处理。

饲料投喂:虾苗1~3厘米阶段,可投喂发酵粉料,主要成分为菜籽饼、豆粕、米糠、麸皮、玉米面、发酵剂等。发酵粉料既可以被小龙虾苗摄食,残余也可肥水。虾苗长至3厘米以上时可以适当添加投喂小粒径颗粒饲料以及黄豆,冬天在晴好天气时选择性投喂少量饲料或者黄豆,每3天左右投喂1次即可,以免浪费。开春水温高于10摄氏度时,加大投喂量和频次,饲料选择粗蛋白含量大于32%的优质饲料,可搭配投喂自制的发酵粉料。

水草种植:虾苗田可在10月底11月初种植伊乐藻,不宜过早种植,在旋耕的3米区域内栽种。

(4)虾苗起捕:虾苗达到400只/千克时,要及时起捕分塘,在平时巡塘、下观察地笼时要注意虾苗的长势,如果长势好,要提前做好成虾塘的准备工作,提前50天左右上水旋耕,种植水草。起捕时地笼的数量要足够,每亩用大地笼1~2个、小甩笼2个以上,以加快起捕分塘速度。

3.成虾养殖

(1)准备工作:虾苗投放前要做好水质调节、水草种植等工作。在水稻收割后晒田10天,施发酵腐熟的农家肥(有机肥)100千克/亩,上水3~5厘米,将田面翻耕或者旋耕,保持半干半湿状态,将稻草旋耕到土壤中,减少稻草在地表腐烂败坏底质,以减轻对水体的影响,促进水草生长。投苗前50天种植伊乐藻并上水20厘米左右,伊乐藻生根发芽后可定点施少量复合肥(以磷、钾肥为主),以促进水草生长。水质保持肥活嫩爽,但不可过肥。种植伊乐藻的田块,5月份后如果养殖第二批虾,可以放干田中的水,晒田5天左右,让伊乐藻落泥重新萌发,长出新草,再投放虾苗。也可放水后重新铺栽轮叶黑藻。在5~6月份,可投放少量青浮萍(不可过多,如果大量繁殖,会导致田面被封闭,饲料投喂困难,夜间易缺氧),起到遮阳降温作用,也可提供青饲料。

(2)虾苗投放:在虾苗田起捕后直接用虾苗框运到成虾田投放,轻拿轻放,每框装5千克左右,一般不用消毒药消毒、洗浴,每天投放前可向田中泼洒维生素C降低应激反应,亩均投放虾苗6 000只左右,如果养成目标规格为20~30克,可投放8 000只左右。如果自己的虾苗起捕数量不足,要同步购买投放,力争在较短的时间内放足虾苗。

(3)饲料投喂:虾苗投放后第二天可开始投喂饲料。投喂量与温度高低相结合,水温低于28摄氏度时,温度越高,投喂量越大,高于30摄氏度时要减少投喂量。同时要注意观察小龙虾的吃食情况,结合吃食情况决定投喂量。在早春(3~4月份)要满负荷投喂,小龙虾能吃多少就喂多少,早春饲料选择优质高蛋白饲料,饲料中粗蛋白含量要在32%~36%,到5月份后适当降低投饲率,饲料中粗蛋白含量应稳定在32%以上。有条件的投喂优质发酵饲料,或者自制发酵粉料与颗粒饲料搭配投喂,一般自制发酵饲料占比不超过一半。饲料要全田撒投,有条件的可用无人

机、投料船投喂,以减少对水体的搅动,保持水质清爽。每个塘口可设置投饵台2个,观察小龙虾吃食情况,以投料后3小时内吃完为宜。此外,还要结合白天水体是否浑浊以及浑浊的程度,来决定后面的投喂量,既不能投少了造成水体长期重度浑浊,也不能投喂过量造成饲料浪费、败坏水质和底质。

(4)小龙虾起捕:小龙虾生长30天左右,规格一般达到20~35克,此时既可起捕,也可继续养殖,具体是否起捕要根据当时的市场行情以及预估的20天后35克以上的大虾价格来定(可根据往年的价格走势以及当年全国大部分养殖户的操作来预判)。3月中旬前投放的虾苗,在4月中下旬可起捕,腾出田块再投放第二季虾苗,或者作为当年虾苗繁育田块,在5月上旬插秧种稻,方便育下一年度早苗。4月下旬投放的虾苗,在5月下旬正是小龙虾上市高峰期,小龙虾价格一般比较低迷,可选择继续养殖,到6月下旬起捕销售。但要注意稻田环境以及小龙虾的发病情况,一旦稻田环境恶化,小龙虾发病,必须立即全力起捕销售。起捕时,大量投放虾笼,力争10天左右清塘结束起捕,方便养殖第二季或者种植水稻,也为了避免小龙虾进洞。

(5)水质调节:在3~4月份,定期施肥,以生物有机肥为宜,配合益生菌,保持水体的藻相;5~6月份,定期施用净化水质的益生菌(每7~15天1次),每半个月改底1次,保持水质清爽、底质干净。定期补充钙、镁等离子及微量元素,生石灰与补钙产品交替使用。生石灰每次用量5千克/亩,每半月1次,保持水体硬度。有条件的可以利用尾水净化池将养殖田块的水循环起来,做到微流水养殖,达到换水的目的。

(6)病害防控:5月份之前,小龙虾病害极少,但要注意不可盲目杀青苔,以免对小龙虾造成伤亡。5~6月份,由于水底沉积了大量小龙虾的粪便、腐烂的水草、残余饲料,气温升高,病菌滋生,容易发生"五月瘟"等病害。目前治疗手段较少,主要是通过调节水质、控制水草等措施来改善环境,以及定期拌料投喂维生素C、免疫多糖等提高小龙虾免疫力来预防。如果发现小龙虾大量死亡,一方面换水、调水以改善水体环境;另一方面,要及时起捕销售,清除发病小龙虾,降低小龙虾密度,减少损失,一般连续起捕5天后,死虾情况可基本得到控制。不要轻易使用消毒剂,否则可能加快小龙虾死亡。

(7)水稻种植:虾苗繁育田块在5月上中旬栽种水稻,以机插秧、人工插秧、抛秧为宜,选择生长期在130天左右的高产优质杂交水稻品种。

成虾田块在6月下旬至7月上旬栽种水稻,以机插秧、人工插秧、抛秧为宜,水稻品种以生长期短的杂交水稻为宜,也可种植优质粳稻,粳稻要注意后期稻飞虱等病虫害的防治。

水稻后期水、肥管理按照正常水稻管理即可,肥料用量减少50%左右,病虫害的防治以生物、物理方法(灭虫灯、性诱剂等)防治为主。如遇重特大病虫害,可选择无毒、低毒、低残留的农药防治。

4.平田繁养一体注意事项

平田繁养一体中的日常养殖管理与有环沟操作无大的区别,但要注意每年小龙虾养殖过后,小龙虾起捕比较彻底,有少量漏网的也会被水鸟摄食。因此,田中存留的种虾较少,要在水稻种植后进行补充,在第一次晒田后每亩补充种虾10千克左右,雌雄比例为3:1以上。

（四）稻虾鳖、稻虾鳝、稻虾鱼等混养模式

稻虾繁养一体田块及繁养分离成虾田在水稻种植期间,稻田中的小龙虾数量很少,稻田的水资源利用率不高,同时水稻的病虫、杂草容易发生。如果利用这一段时间混养一批甲鱼(中华鳖)、黄鳝等,既可提高稻田利用率,也能对害虫和杂草进行有效防控。稻虾田混养鳖、黄鳝等水

产品,要注意清塘不可使用茶籽饼等杀鱼的药品,否则会杀死大量的鳖、黄鳝等水产品,而应以晒田来清杂改底,平时用适量生石灰消毒改水。对于那些沟里底水不易排干的稻田,要谨慎混养。

1.稻虾鳖混养

混养鳖时要对防逃设施进行升级,选用彩钢板、废钢化玻璃等材料,下埋10厘米左右,防逃板上沿应高于地面60厘米,转角处以圆形、椭圆形为宜,以防止鳖在拐角处打堆逃跑。小龙虾养殖按前述养殖方法正常操作即可,但水稻栽种时间要尽量提前,最好在5月份完成栽插,最迟不得迟于6月上旬。6月下旬至7月中旬投放鳖苗,鳖苗可以选择两种规格。一是投放400克/只左右的鳖苗,此种方式成本稍高,但下半年即可上市销售,养殖周期短。可以选择优质温室鳖苗,也可以选择外塘鳖苗,每亩投放20~60只,主要利用虾稻田中的虾苗、成虾、螺蛳、害虫、小鱼等天然饵料。如果投放的数量多,要及时补充饵料。水稻种植过程中的病虫害以生物防治、物理防治为主,如果必须使用农药防治病虫害,则使用无毒的生物农药,以免对鳖造成伤害。水稻收割时放水晒田,将鳖集中到环沟、坑凼中起捕销售或者集中到一起暂养待售。二是投放5~30克/只的稚鳖苗,每亩投放50只左右,养殖到水稻收割时,可以用地笼在环沟中起捕后放到一块暂养田(塘)中,暂养田中每亩投放25千克左右的10~20克/只的小种虾,用来繁殖虾苗作为来年春天鳖的饲料,待来年6月下旬将暂养的鳖捕捞上来投放到其他稻田中,这样循环养殖,直至达到上市规格捕捞销售。也可以将鳖一直放在虾田中混养,但在起捕小龙虾的时候,也有部分鳖会进入地笼,导致伤亡,从而导致起捕率降低,但相对人工成本也较低。

2.稻虾鳝混养

虾稻田中即使不投放黄鳝苗种,每年也会起捕到一定的黄鳝,这是因为虾稻田农药、化肥使用大幅减少,稻田中生态环境逐步恢复,各种饵料生物更加丰富,适合黄鳝的生长、繁殖。因此,我们如果在虾稻田中混养少量黄鳝,会有不错的收获。在6月下旬到7月份,每亩投放无伤无病的黄鳝苗50条左右,规格10~50克/条,连续投放2年,即可形成种群,后期捕大留小即可。

3.稻虾鱼混养

稻虾鱼混养中的鱼类主要为黄鲢、白鲢、鳜鱼、黄颡鱼等。一般在有环沟的虾稻田混养,无环沟的平田不建议混养。黄鲢、白鲢在1~3月份投放鱼苗,每亩分别投放5条0.2~0.5千克/尾的大规格黄鲢、白鲢鱼种。在6月份每亩分别投放黄鲢、白鲢夏花各20条,大规格鱼种在年底即可长成商品鱼出售,夏花可在秋天收集到一块田中暂养,作为来年的鱼种。鳜鱼在6月份投放6厘米以上大规格鱼苗5~10条,根据田中小杂鱼的多少决定投放量。黄颡鱼在6月份每亩投放50尾左右,黄颡鱼和鳜鱼能摄食小龙虾,是清理成虾田中剩余的小龙虾较好的方法之一。

（五）稻虾共作中如何在水稻生长季节养殖小龙虾

水稻种植后,在第一次晒田后,可向稻田中投放虾苗,每亩投放3 000~5 000只虾苗,养殖一季高温虾,一般养殖时间30天左右,由于此时水稻生长茂盛,稻田中的水温较外界气温低,一般在28摄氏度左右,最适合小龙虾生长,因此,只要投喂合适的饲料,小龙虾生长会很快,经过30天左右的生长,都能达到商品虾规格。如果需要在水稻生长季节养殖小龙虾,水稻需要采用人工插秧、机插秧,每隔15米留1.5米宽的空行,空行中栽少量轮叶黑藻,稻田四周如果有环沟,在养殖期间尽量将环沟中的虾苗起捕放入水稻中。如果没有环沟,稻田四周留1.5米宽的空白(可结合排水沟来安排),用于种植轮叶黑藻及后期放水起虾。投喂粗蛋白含量

在32%以上的优质饲料,也可以搭配黄豆投喂。

▶ 第五节　稻虾田的水稻种植

一 秧苗培育与栽插

1.水稻品种选择

水稻品种要选择经国家审定适合本区域种植的优质高产高抗品种,最好选择生长期短(以不超过135天为好)、叶片开张角度小、抗病虫害、抗倒伏、米质优且耐肥性强的高产品种。

2.整地方式和要求

新养殖稻田,水稻收割后,先施基肥后整地,上水后栽草,第二年插秧前旋耕。

3.育苗和秧苗移植

全部采用肥床旱育模式,按照肥床旱育的要求进行操作。

机械插秧、抛秧,秧龄30日左右;人工插秧,秧龄35日左右,采取宽窄行条栽(宽行40厘米、窄行20厘米)与边行密植相结合、浅水插秧的方法。

4.施肥方式和使用量

每亩插秧前施用100千克有机肥或者15~25千克复合肥作为基肥,后期根据需要追施少量尿素、钾肥和叶面肥。

二 水稻生长管理

1.水位管理和晒田

秧苗栽插后,保持适当的水位,不能过深,过深会将秧芯淹没;也不能过浅,过浅会露出地表导致杂草快速生长,一般将水深保持在3厘米左右。秧苗分蘖时,也要保持浅水,以促进其分蘖,待有效分蘖结束即可开始第一次晒田,晒到田中开裂达1厘米左右,人在田面上不陷即可上水,此时水位要加深到20厘米左右,可利用此段时间向田中投放虾苗,在第二次晒田前起捕销售,养殖一季小龙虾。在水稻灌浆后,即可择机开始第二次晒田,直到水稻收割。

2.肥料使用

稻虾田由于投入了饲料,所产生的小龙虾粪便是优质有机肥,因此,化肥要减量使用,一般底肥施含氮磷钾的复合肥20千克/亩左右,后期追肥使用尿素5千克/亩、钾肥5千克/亩左右。其他叶面肥可根据情况使用,小龙虾养殖年份越长,施肥量越少;小龙虾养殖过程中投饵越多,用肥量越少。

3.病虫害防治

由于小龙虾生长过程中摄食了部分害虫和虫卵,一般不需要使用化学杀虫剂,可采用诱蛾器、粘虫板、灭虫灯等物理方式强化防治。病害可使用生物菌剂进行防治。如果遇到病虫害暴发的年份,确需防治的,要采用低毒、无毒的化学农药或者生物农药进行防治。

三 水稻的收割和稻茬处理

水稻成熟后,要及时进行收割,一般在水稻成熟度达到90%以上即可进行收割,收割时稻茬留取的高度要根据不同养殖模式来决定。如果是繁养一体的田块和虾苗繁育田块,要留最高茬,有条件的可对碎稻茬、稻叶进行收集并在田中就地打堆、打捆。如果是成虾养殖田块,留最短稻茬,即贴地收割,并将稻草打碎还田,后期旋耕到土壤里,或者收集后销售给生物质发电公司,也可以在田中打成小堆,并喷洒稻草腐熟剂或者

发酵菌剂,后期上水时可产生一些天然生物饵料,被小龙虾摄食,也可使水色加深,对防止青苔滋生有益。

▶ 第六节 小龙虾病害的预防

一 小龙虾的主要病害

小龙虾在虾苗期病害极少,在成虾生长阶段由于生长环境的恶化、应激反应等原因,病害发生增多,主要病害有以下几种:

1. 白斑综合征

症状:小龙虾上草、上岸,爬边或伏草,行动迟缓,附肢无力,最终弯曲死亡,死亡的病虾附肢及甲壳发红,部分头胸甲有白色斑点,头胸甲易剥离,虾黄颜色较正常虾淡、光泽差,头部积水、浮肿等,多并发肠炎、空肠和蓝肠等。

病因:主要致病原因是稻田环境恶化,导致小龙虾体内病毒暴发。稻田环境恶化主要表现为水体缺氧及水体氨氮、亚硝酸盐等有毒有害物质含量过高,一般是由于水草腐烂、底质恶化、天气异常、水体浑浊等所致。

2. 肠炎病

症状:病虾摄食减少、拒食,肠道发红、发炎,肠道内无食物或部分空肠。

病因:一般是由于饲料发生变质、腐败,或是底质极差污染了投喂下去的饲料所致。

3. 纤毛虫病

症状:累枝虫和钟形虫等纤毛虫附着在虾的体表、附肢、鳃上,妨碍虾的活动、吃食、呼吸和蜕壳,影响生长发育,病虾行动迟缓。

病因:主要是由于水草少或者老化、水体浑浊、底质恶劣、水体有机质多等所致。

二 重点病害的预防措施

小龙虾由于个体小,给药不方便,生长期短,部分药品休药期长,休药期不能上市,对小龙虾的起捕有影响。另外,目前对小龙虾病害的基础性研究不足,大部分治疗小龙虾病害的药物疗效不理想。因此,对于小龙虾的病害以预防为主。

1.加强水质调控,保持水质肥、活、嫩、爽

水质好,溶氧高,氨氮、亚硝酸盐等含量低,致病细菌、病毒不易暴发,病害发生少。首先,水体要保持合理的肥度(藻相),在不投饵或者投饵较少的情况下,要补充适量肥料,以保持水体肥度。同时,定期施用益生菌将肥料分解成适合藻类吸收的成分,促进藻类的生长、繁殖,保持水体中藻类的活力,藻类不断推陈出新则不易老化;由于菌类的分解作用,水体中悬浮的有机物较少,水体也较清爽,水体能保持合适的透明度。深秋、冬季气温较低,绿藻生长繁殖受到抑制,可在10~11月份向水体中补充硅藻种,结合肥料的投放,促进硅藻生长繁殖。5~6月份投饵高峰期,要定期使用益生菌净化水质,同时补充适量碳肥、磷肥,保持水体中的碳氮比、氮磷比在一个适中的水平,以减少蓝藻的发生。在施肥过程中要注意不要一次性投放过多肥料,如果超过水体吸纳的范围,肥料就会沉积在水底或水体中,造成水体富营养化。施肥要少量多次,还要结合益生菌使用,加快藻类吸收,保持水质稳定。

2.加强水草管理,保持水草活力旺盛

水草在小龙虾的养殖过程中具有三个作用:一是净化水质;二是光

合作用产生氧气；三是作为小龙虾的食物，补充维生素、虾青素等。因此，在小龙虾（特别是成虾）的养殖过程中，水草具有十分重要的作用。但水草也不是越多越好，当水草覆盖面积超过总水面的70%时，水体的流动受到影响，底部光照受到影响，夜晚很容易出现水底缺氧的情况，如果连续缺氧，虾田底部沉积的有机物会导致池底发黑、水草老化、死亡，水草老化后光合作用下降，产生的氧气减少，根部发黄、发黑、腐烂，产生一些有毒有害物质，从而产生恶性循环，小龙虾在水体中生活环境恶化，有的被病菌感染，有的由于环境变化过大，产生应激反应，时间长了，机体免疫力下降，抵抗力降低，发生病害是大概率事件。因此，我们在栽种水草时应按照前文所述的方法栽种，水草覆盖面积一般占水面总面积的一半左右，不能超过70%，水草行与行之间一定要留有空白，一行可以栽几株，行的方向最好与5~6月份当地的主要风向相同，以便于水体流动，上下交换，提高水体整体的溶氧量。水草在4、5、6三个月份要勤割草头，一般割一半左右，不要等到水草长得贴到水面了再割草头，要在水草还未长到水面、还未开始老化时割草头，以促进水草横向生长，发出新根新茎，提高水草的活力，水草割头后，要及时施用草肥，保持水草生长势头。

3. 重视底质管理，保持底部清爽

成虾养殖田块在水稻收割后加3~5厘米水，如果有条件可以喷洒稻草腐熟剂或者发酵菌种，全田翻耕或旋耕，将稻茬翻到土壤中，让稻茬冬天在土壤中慢慢腐烂，变成有机质和肥料，这样来年春天成虾田的底部会相对比较干净清爽，对我们后期底质管理有极大的益处。在4、5、6三个月份，由于饲料的大量投喂，小龙虾也产生了大量的粪便，水草的腐烂、水生浮游生物尸体的沉积，虾田的底部积累了大量有机物，因此每10~15天就要改底1次，化学改底与生物改底（益生菌）相结合，以保持底部清爽。如果有循环水，可以让水体流动起来，也有益于底部环境的改善。

4.补充微量元素,保证小龙虾正常蜕壳生长

小龙虾生长需要蜕壳,这需要消耗大量的钙、磷、镁等元素,如果水体中这些元素缺乏,小龙虾就会出现蜕壳不遂等病状,抗病力也会下降。在养殖过程中,每年要用生石灰清塘,这样会补充大量的钙、镁离子到田中,贮存在土壤中,在4~6月份,每半个月至30天可用生石灰泼洒1次,每亩2.5~5千克即可(部分地区水体硬度很大,平时可以不洒或少洒),可根据情况每半个月至30天洒1次微量元素产品,与生石灰交替使用。

5.规划养殖计划,把握好投苗时间窗口

至于小龙虾虾苗投放时间,理论上一年四季都可以投放,但成活率最高的时间是在3~4月份,而10~11月份放苗成活率也较高,但此时虾苗较少,稻田也有部分还未收割。因此,最佳放苗的时间就是3~4月份。

6.投喂优质饲料,保证营养全面

小龙虾除摄食水草、浮游生物、底栖动物外,要想实现高产、优质,必须投喂饲料(包括商品饲料和大豆等天然饲料),如果饲料营养不全面、蛋白质含量低、氨基酸不平衡、不易消化吸收,就容易导致小龙虾生长缓慢,甚至发生病害。因此,要投喂合适蛋白的优质饲料,一般饲料粗蛋白含量在32%~36%(要有一定的动物蛋白)。饲料投喂可以多样化,搭配黄豆等投喂,但玉米、小麦等谷物不可大量搭配投喂。

7.死虾处理

如果在养殖过程中发生大量死虾,有的进地笼即死,处理措施如下:一是有好的水源要及时换水,水质不好的要改善水质,底质不好的要及时改底;二要立即停食,后期减量投喂;三要继续大量起捕,一般连续起捕5~7天,死虾基本结束,后面根据田中小龙虾的数量来决定继续饲养或者清塘重新养殖。切记,不能乱用药,用药不当会加大小龙虾死亡,或者效果有限。

第二章　稻鳖综合种养技术

▶ 第一节　中华鳖的生物学特性

中华鳖（*Pelodiscus sinensis*），又名甲鱼、团鱼等，隶属于脊索动物门，爬行纲；龟鳖目，鳖科，鳖属。中华鳖是我国常见的淡水养殖品种之一。野生中华鳖在中国、日本、韩国、越南北部以及俄罗斯东部等地可见。

一　中华鳖的形态特征

中华鳖体躯扁平，外形椭圆，背腹均有骨质组成的甲壳，头、尾及四肢可缩入甲壳内。身体可分为头部、颈部、躯干、尾部和四肢。

1. 头部

中华鳖的头部前端稍扁，背面略呈三角形，后端呈圆柱状。吻端延长成管状为吻突，吻突在中华鳖冬眠中发挥重要作用。在水中，中华鳖可露出吻突进行换气，增加了中华鳖行动的安全性。上颌长于下颌，口无齿，但被以唇瓣状的皮肤皱褶和角质喙，角质喙边缘锋利，可以撕咬食物。口裂向后延伸达眼的后缘，可咬住比头大的食物。鼻孔开口在吻突前端。眼小，上侧位，有眼睑及瞬膜，易于开闭。无外耳道孔，视觉不敏锐，但对移动的物体能迅速做出反应。

2.颈部

中华鳖的颈部粗长,可自由伸缩灵活转动。当头部和颈部缩入甲壳内时,颈部呈"U"形弯曲。当颈部自然伸直时,长度约为背甲长的80%。当颈部沿背甲向后方伸长时,吻突可触及后肢附近;由于腹甲前端长于背甲,颈部沿腹甲向前方伸长时,吻突只能到达前肢附近。故在徒手捕捉中华鳖时,可将其翻转过来,使其腹部向上,用拇指和食指插入两后肢窝内抓住中华鳖。

3.躯干

中华鳖的躯干宽且扁平,呈椭圆形。背腹均有骨质组成的甲壳,将脏器保护在甲壳腔内。边缘为肥厚的结缔组织,称为"裙边",腹甲光滑平坦。不同品种背腹甲有斑点、斑块的区别。

4.尾部

中华鳖的尾部呈锥形。不同性别的中华鳖可通过尾部识别,雄性尾部较长,可伸出裙边外缘,雌性尾部较短,达不到裙边外缘。尾部的基部腹侧有一泄殖孔,为排泄和交配的器官。

5.四肢

中华鳖的四肢粗短有力,呈扁平状。后肢长于前肢。前后肢均有5趾,趾间有蹼,第一、第二、第三趾均有锋利的趾爪,第四、第五趾爪退化,未露出蹼膜。

二 中华鳖的生活习性

中华鳖有"三喜三怕"的特点,即喜静怕惊、喜阳怕风、喜洁怕脏。

中华鳖极易受到惊吓,对周围环境的声响和移动的物体反应极为敏感。只要周围稍有动静,就会潜入水中、泥中或快速逃跑,当无法逃避时就会将头和四肢缩入甲壳内,保护自己,待周围危险解除后,会再次伸出

头和四肢试图逃跑。同时,中华鳖又生性好斗,相互之间撕咬斗狠,也会主动攻击其他物体,死死咬住不松口,但只要将其放入水中,就会松口逃遁。

中华鳖生性喜阳,最突出的特性就是晒背。天气晴朗的时候,喜欢爬上岸边、埂边、水中漂浮物等场所晒太阳。晒背的时候,会将头颈、四肢充分伸展,背向阳光。条件允许的情况下,晒背时间可达3小时。晒背是一种自我保护的本能行为,通过晒背,可以在短时间内提高体温,加速血液循环,促进新陈代谢,还可以杀灭皮肤表面的病原物,提高机体抵抗力。所以,在中华鳖人工养殖的时候,要在池塘、稻田内设置晒背的地方,池塘和稻田中的饵料台可以兼做晒背台使用。

三 中华鳖的生活环境

中华鳖属于两栖爬行动物,野生中华鳖常常生活在具有泥沙或淤泥底质的江河、湖泊、水库、池塘及山溪之中。在安静、清洁的水岸边活动较为频繁。在人工养殖的环境下,稻田可以更好地为中华鳖提供栖息生长的场所,可以更好地保持中华鳖喜洁怕脏的特性。

四 中华鳖的繁殖特性

1.中华鳖的交配

中华鳖雌雄异体,卵生。长江中下游地区,中华鳖一般在4~5龄性成熟,体重在500克以上。往南直至台湾等地,性成熟可提前至2龄;往北直至河北等地,性成熟可延迟至5~6龄。当水温达到20摄氏度以上时,性成熟个体开始交配,也有在产后秋季进行交配的情况,交配季节为4~10月份。交配活动一般在傍晚进行,雌雄交配前会有明显的潜水、戏水等追逐行为,时间可持续5~6小时。交配时,雌鳖在下,雄鳖在上,尾部下垂,雄性交配器伸出体外将精液输送至雌性泄殖腔内,进行体内受精。交配过程较短,几分钟内即可完成。经过2~3周后可再交配,一年内可交配2~3次。精子进入雌鳖输卵管一特殊收纳结构内,可存活5个月以上时间,这对于中华鳖后代的繁殖非常有利。长江中下游地区,中华鳖交配后2周左右可产卵。

2. 产卵行为

产卵一般会选择在最安静、最安全的凌晨时间。雌鳖会探头确认周边环境安全的情况下,爬上岸进入产卵场,选择合适的地点开始挖洞,中华鳖后肢粗壮强劲,可挖一直径5~8厘米、深10~15厘米的洞穴,雌鳖的体重、产卵数量决定了洞穴开挖的大小与深度。一个产卵洞的开挖需要半个小时左右。产卵洞挖好后,雌鳖将尾部深入洞中开始产卵,鳖体有规律地收缩产卵,整个产卵时间持续半个小时以上。产卵结束后,雌鳖会用沙子将洞口封好,并将产卵洞恢复成之前的样子。中华鳖一年内可多次产卵,少则几枚,多则几十枚。长江中下游地区的中华鳖一年内可产3~4批卵。一般卵重3~5克,卵径1.5~2厘米。

▶ 第二节 稻田养鳖的前期准备工作

稻鳖种养需要对稻田进行工程化改造,即开挖一定比例的养殖沟、养殖凼供中华鳖栖息生长,同时充分发挥养殖沟凼的边际效应稳粮增收。在实际生产中,由于经营主体重养殖、轻种植以及不了解相应的技术规范,在改造稻田时随意性很强,不合理的稻田改造会在很大程度上对稻田土壤墒情、水土保持、种植养殖等造成不利的影响,最终达不到稳粮增收的预期。

本节主要阐述了稻田选择、环境条件、稻田改造、附属生产设施等关键技术点,可以系统指导稻田养鳖工程建设,科学规划和布局田间工程,有效促进水、肥、光、温资源的循环利用,保障生产安全、保护耕地、稳定粮食生产、降低生产成本,推动稻鳖种养走规范化和可持续发展之路。

一 稻田选择

1.稻田条件

我国稻区地形大致可分为平原地形、丘陵地形和山区梯田地形,不同地区开展稻鳖种养对稻田选择的要求也不一样。

平原地区田块应选择开阔平坦、避风向阳的地方,底质以壤土为好,稻田进排水方便,不易内涝(图2-1)。丘陵地区田块应选择稻田较为平整、避风向阳的地方,底质以沙壤土为好,稻田进排水方便,不易干旱(图2-2)。

2.稻田面积

平原地区稻田要求连片为宜,可以10~15亩为一个种养单元,方便管

图2-1 平原地区稻鳖种养

图 2-2　丘陵地区稻鳖种养

理。丘陵地区稻田以 3~10 亩为宜,面积过小不适宜开挖养殖沟凼。

二　环境条件

1.水源

水源充足,进排水方便,水质应符合渔业水质标准的规定,养殖水质应符合淡水养殖用水水质的规定。

2.区域环境

种养区域及周边无污染,应符合种植业产地环境条件和淡水养殖产地环境条件的规定。

3.配套设施

要求交通便捷、道路通畅,主干道路基宽≥4.5 米,硬化宽度≥3.5 米,电力齐备,具备三相电源和配电箱,通信设施完善。

三 稻田改造

1. 养殖沟、养殖凼

目前,稻鳖种养养殖沟、养殖凼开挖的形式比较多,主要分为两类,即养殖沟(根据稻田实际情况,可挖环沟、"U"形沟、"L"形沟、"一"字沟等)、养殖凼与田间沟结合。开挖方法:

(1)养殖沟:养殖沟距田埂2米,养殖沟上口宽4米、底宽1.6米,沟深1.5米。养殖沟的长短、类型可根据稻田类型、稻田面积、养殖密度等参数确定。养殖沟总面积不超过稻田面积的10%。

(2)养殖凼与田间沟结合:养殖凼为方形,建在田埂内侧1米处,上宽下窄,深度1.5米;在养殖凼内侧,开挖与养殖凼垂直的田间沟,宽60厘米、深40厘米。养殖凼和田间沟总面积不超过稻田面积的10%,养殖凼长度和宽度、田间沟长度根据稻田类型、稻田面积、养殖密度等参数确定(图2-3)。

图2-3 养殖凼的开挖

2. 田埂

取开挖养殖沟、养殖凼的田土加高加固田埂,田埂高50~60厘米,埂面宽60~80厘米,不渗漏、不垮塌。

3. 溢流涵道

垂直涵道内截面为正方形,边长30~40厘米。

4. 进排水

进排水独立、与养殖沟或养殖凼相通、高进低排。进排水管均采用"L"形PPR套管,进水管内径为16~25厘米,排水管内径为16~30厘米。根据需要,排水管外口也可设置在溢流垂直管道内的底部,套管与排水管外口相连,高出溢流垂直管道。

（四）附属生产设施

1. 饵料台

在养殖沟、养殖凼中设置长2~2.5米、宽60~80厘米的饵料台。饵料台由石棉瓦或木块拼接而成,兼做晒背台。饵料台一端用绳、桩固定在岸边,一端没入水面10~15厘米,约成45度角倾斜。饵料台设置数量根据稻田面积或鳖的放养数量而定,一般按2~3亩的稻田面积设置一个饵料台。

2. 防逃墙

在距田埂内侧10~15厘米埂面处开挖深15~20厘米的浅沟,将钢化玻璃板、彩钢板、镀锌板等紧固耐用的材料下端埋入沟内并夯实,外围每隔1~2米用木棍或不锈钢细管支撑固定,接头处不留缝隙,四角及拐弯处做成弧形,围高0.6~1.2米(图2-4)。

图2-4　防逃墙的建设

第三节　中华鳖苗种的繁育

一　苗种孵化

1. 鳖卵的收集

每天早晨要检查亲鳖池的产卵场,确定产卵场内亲鳖产卵情况。发现产卵后,此时胚胎还未固定完全,勿收集鳖卵。等待1天后再去收卵,可使用木铲、塑料铲小心翼翼地收卵,并将鳖卵放入孵化箱。目前,孵化基质可用中沙、海绵、蛭石等材料。

2. 鳖卵的孵化

目前,大部分采用室内控温控湿孵化(图2-5)。

(1)控温:孵化室温度保持在30~33摄氏度,需对孵化箱和气温进行监测,原则上气温不超过33摄氏度,孵化箱温度不超过31摄氏度。工厂

图2-5 鳖卵的孵化

化孵化室一般配有自动控温系统,可根据控温系统实时调整孵化室温度,温度低则开启加热装置,温度高则开启通风降温装置。

(2)控湿:孵化室应安装干温度计和湿温度计,保证孵化室地面水槽内有一定的存水,空气相对湿度保持在85%左右。要密切关注孵化箱内的湿度变化。

(3)通风:通风是为了保证孵化室有充足的氧气。温度高的时候,选择早晨通风换气;温度低的时候,选择中午通风换气。其余时间要保证孵化室密闭保温。

3.稚鳖的暂养

刚孵化出来的稚鳖腹部连有脐带和浆膜,少量稚鳖还有未完全吸收的卵黄凸出于体外。将稚鳖放入暂养池中暂养,暂养池单个面积1平方米,池底铺3厘米厚的细沙,加清水3厘米左右,淹没稚鳖即可。保证暂养池环境安静、光线柔和,待稚鳖脐带脱落后,可投喂熟蛋黄和稚鳖配合饲料,投喂量为稚鳖体重的10%。此时,池内要勤换水,将稚鳖脱落物及时排出,每12小时换1次水即可。当稚鳖体重达到3克左右,即可转入稚

鳖池饲养。

二 温室培育

温室培育可以改变中华鳖冬眠习性,从而快速养成大规格中华鳖,并可以显著提高中华鳖成活率。稚鳖转移到温室内的养殖池,水温高于25摄氏度时,可在自然条件下养殖,当水温低于25摄氏度时,采取加温培育,使温室内气温达到30摄氏度左右,到翌年6月份自然水温达到25摄氏度并稳定时停止加温,此时可以将中华鳖转移至稻田养殖。

三 池塘培育

7、8月份出壳的早期稚鳖经历了2~3个月的培育,至越冬前体重一般已达到10克以上,可放在室外池塘中越冬。池塘底铺20厘米厚的泥沙,保证水深1.5米,池塘背风向阳,水温降至15摄氏度以下时停止投喂,池塘可加盖塑料膜等保温设施,能有效提高池塘水温,提高稚鳖越冬存活率。8月份后出壳的稚鳖,至越冬前体重较小,池塘可及早加盖保温设施,延长投喂时间,以提高稚鳖越冬存活率。到翌年4月份之后,水温上升到15摄氏度以上时,逐步将池塘水位降低至10厘米左右,稚鳖可结束冬眠自行爬出。

▶ 第四节 主要稻鳖种养模式

目前,稻鳖种养主要有稻鳖共生、稻鳖共生轮作、稻虾鳖连作共生(本内容见第一章第四节)等几种模式。

一 稻鳖共生模式

1. 中华鳖苗种投放

水稻移栽15天后投放鳖种。在鳖种投放前10天,每亩用生石灰150千克进行养殖沟、养殖凼消毒,放养规格400~500克/尾的甲鱼100~120尾/亩,雄雌分开投放。要求选择体质健壮、健康无伤病、活动力强、规格统一的苗种入田,并且在放养前将苗种用浓度为20毫克/升的高锰酸钾溶液浸泡5分钟(图2-6)。

图2-6 中华鳖苗种投放

2. 中华鳖的饲养管理

可选用中华鳖配合饲料进行投喂,配合饲料以粉状饲料和颗粒饲料为主。粉料、水按1.25:1的比例搅拌、捏团,投放在饵料台上。饵料投喂严格遵守"四定"原则(定质、定量、定时、定位),每天投喂2次,投喂时间分别在上午9~10时、下午4~5时。具体投喂量视当天情况(天气、水温、活饵)而定,一般以1.5小时左右吃完为宜。种养过程中,可在稻田内投放一些田螺、鱼、虾等活饵供中华鳖食用,以利于提高中华鳖的品质和节

省饲料成本。

3.中华鳖的日常生产管理

（1）每天早晚巡视2次。观察甲鱼摄食情况，适时调整投饲量，及时捞取病死的中华鳖进行无害化处理。

（2）保持水位稳定。注意养殖沟、养殖凼及田面水位变化情况，特别是夏天水分蒸发快，要及时补充新水。加注新水温差不能太大，一般控制温差不要超过3摄氏度，避免因温差大对中华鳖产生伤害。

（3）做好防病消毒工作。每天清洗饵料台，并且每半个月用漂白粉2克/米²或生石灰化成浆泼洒在养殖沟、养殖凼中，进行水体消毒，做好改底、增氧等工作（图2-7）。

图2-7 稻鳖种养日常管理

4.中华鳖的收获

中华鳖的捕捞可以从11月中旬一直持续到翌年水稻种植前，水稻收割田面干裂，中华鳖基本上都回到了养殖沟、养殖凼，可以将养殖沟、养殖凼抽干，人工抓捕；也可以下地笼部分捕获（图2-8、图2-9）。

图2-8　人工抓捕中华鳖

图2-9　地笼捕获中华鳖

5.中华鳖的越冬

进入冬季后,保持养殖沟、养殖凼水深1米进行中华鳖越冬管理,期间不再投喂饲料。如遇水面封冻,要打破冰层。

二 稻鳖共生轮作模式

1.中华鳖苗种投放

5月份自然水温稳定在25摄氏度以上时,即可将稚鳖投放至养殖沟、养殖凼。在鳖种投放的10天前,每亩用生石灰150千克进行养殖沟、养殖凼消毒。稚鳖要求体格健壮、活动力强。每亩放养规格40~50克/尾的中华鳖300~500只,同一稻田放养的稚鳖要求规格整齐,个体间体重相差要小于10克,并且在放养前将苗种用浓度为20毫克/升的高锰酸钾溶液浸泡5分钟。

此时,稻田还处于空闲阶段,为防止中华鳖进入稻田影响水稻栽插工作,可用钢化玻璃板、彩钢板、镀锌板等紧固耐用的防逃材料将中华鳖暂养在养殖沟、养殖凼中,待水稻栽插15天后,拆除防逃材料,让中华鳖自由进入稻田。

2.中华鳖的饲养管理

对于稚鳖或幼鳖,以人工配合饲料投喂为主。投喂方法可参考"稻鳖共生模式"。

3.中华鳖的日常生产管理

可参考"稻鳖共生模式"。

4.中华鳖的越冬

可参考"稻鳖共生模式"。

5.中华鳖的培育

翌年5月份,自然水温稳定在25摄氏度以上时,捕捞养殖沟、养殖凼内的中华鳖,挑选体格健壮、反应灵敏、无伤无病的中华鳖。此时,中华鳖重量应达到250克/尾左右,按照200~300尾/亩进行放养,雌雄分养。进行第二年的养殖,待到11月份,中华鳖重量可达到500克/尾左右,可市售,也可继续进入到下一年的稻田养殖。

第五节　稻鳖田的水稻种植

一　稻种选择

根据稻鳖种养特点,一般选用单季稻为宜,选择抗病虫害能力强、耐肥抗倒伏性强、可深灌、株型适中的水稻品种。在选择水稻品种的过程中,要充分结合客观情况,选择与地域环境相适应的品种,也可以选择品质优或生育期长的品种,选择好的水稻品种是稻鳖种养丰产增效的基础。

秧苗培育大体上包括晒种、选种、浸种、消毒、催芽及育秧等环节。平原地形稻区,可利用现代农业技术进行集约化播种育秧,即工厂化育秧,该方法培育的秧苗均匀、整齐,为后续的机械化栽插做好准备(图2–10)。丘陵地形稻区,仍可使用传统播种育秧,选择条件较好的田块作为

图2–10　工厂化育秧

秧田。该方法培育的秧苗健壮,为后续的人工栽插做好了准备。

二 水稻栽插

水稻栽插前,要做好栽前准备,包括稻田翻耕、碎土、平整等工序。其中,稻田的平整度对后期中华鳖的回捕有较大的影响,对于平整度较差的稻田往往中华鳖的回捕率低。

根据土壤肥力对稻田施用基肥。秧苗移栽前,可施用有机肥500千克/亩或复合肥50千克/亩,基肥的施用量可根据土壤肥力做调整,肥力较差的稻田可多施,肥力较好的稻田则少施。

水稻栽插要做到合理密植,根据水稻品种特性和当地种植情况设置栽插密度和行株距。根据生产经验,较大的行株距可以方便中华鳖在稻田里活动。

三 田间管理

1.水位管理

根据水稻不同生育期控制稻田水位。

(1)水稻插秧期:田面水位控制在2~3厘米,晴天水位可以稍微高一点,阴天水位可以稍微低一点,雨天需要及时排水。

(2)水稻分蘖期:田面水位控制在5~8厘米,分蘖处于最佳状态,浅水位有利于早分蘖、低节位分蘖,水稻植株也会健壮。水位过深会导致分蘖推迟,分蘖总数和有限分蘖数减少。如果此时缺水或发生干旱,也会导致水稻分蘖延迟且分蘖数减少。

(3)分蘖末期:此时期水稻正处在由营养生长向生殖生长的转换期,在生产上应采取搁田处理,主要是控制水稻无效分蘖,巩固有效分蘖,促进根系生长。搁田至田面硬实,出现细小裂纹时可灌水1次,然后继续搁田、灌水,反复5次左右。

(4)水稻幼穗分化至抽穗期:此时期水稻需水量较大,田面水位应控制在5~8厘米。此时期水稻不耐干旱,缺水会导致幼穗发育受阻,严重的话会阻碍颖花分化导致水稻减产。

(5)水稻抽穗开花期:田面水位控制在5~8厘米,以保证水稻正常授粉,减少秕谷的产生。

(6)水稻灌浆结实期:此时期水稻籽粒开始灌浆,生长功能弱化,应采取间歇灌溉,增加土壤氧气来维持根部的功能,同时延长叶片的功能期,以促使光合产物向水稻籽粒运转,增加籽粒的重量。

2.适时追肥

稻鳖种养模式下一般无须追肥,但要根据水稻长势,需要时可适当追肥。例如,在基肥不足的情况下可追施拔节分蘖肥,不过切忌过量追肥,以防中后期生长过旺,贪青晚熟。水稻栽插15天后,可施尿素10千克/亩。如果水稻幼穗分化期苗情较差,可施复合肥5千克/亩。

3.水稻病虫害防治

遵守"预防为主、防治结合"的原则进行病虫害防治。主要包括病害、虫害、草害等方面。一般情况下,稻鳖种养时水稻病虫害发生率较低,但不可大意,要严防周边病虫害的侵袭。遇到杂草比较严重的区域,建议人工拔除。

(四) 水稻收割

水稻籽粒完全成熟,稻谷植株大部分叶片由绿变黄,稻穗失去绿色,穗中部变成黄色,籽粒坚硬饱满,含水量在20%~25%时,便可开始收割水稻。田块平坦面积较大的稻田,可进行机械化收割。收割前保证田面干燥,勿有存水,这样稻田里的中华鳖会进入养殖沟、养殖凼,可避免被收

割机压伤。田块平整度较差、面积较小、交通不便于机械化收割的稻田，尽量保证田面干燥，偶有存水，人工收割不会对中华鳖造成损伤，中华鳖大部分会进入养殖沟、养殖凼，少量会在存水处隐藏。

▶ 第六节 水稻病虫害防治和中华鳖疾病防治

稻鳖种养技术重点体现在生态价值，中华鳖可进入田间摄食昆虫等活饵，又可钻入稻田土壤，破坏虫卵、杂草生长发育的环境，故田间病虫害较少。但碰到虫害迁徙或连续恶劣天气，水稻、中华鳖仍会有病虫害情况发生，要严格遵守"预防为主、防治结合"的原则进行病虫害防治。

一 水稻病虫害防治

水稻病虫害分为真菌性病害、细菌性病害、病毒病和虫害。

1.真菌性病害

水稻真菌性病害是指由于真菌侵染水稻而形成的各种病害，一般会导致水稻出现坏死、腐烂、萎蔫等问题。常见的真菌性病害包括稻瘟病、纹枯病、胡麻斑病、稻曲病、稻粒黑粉病、恶苗病等。

防治方法包括：

（1）选择抗病性较强的优质水稻品种，还可进行浸种处理，培育优质秧苗。

（2）要根据当地稻区土壤肥力特性、水稻品种生长发育肥料需求特点，加强肥水管理等技术措施。

（3）对发生过病害的水稻秸秆进行无害化处理，避免病菌源继续侵蚀水稻。对土壤质量进行检测，切断病害传播途径。

（4）水稻要根据品种特性、施肥特性进行合理密植,在水稻产量不受影响的情况下,既可以减少水稻病虫害的发生,也可以给中华鳖进入稻田提供便利。

（5）遵守"预防为主、防治结合"的原则,正确判断病害类型,争取在初期阶段控制病情发展,可使用低毒、低残留、广谱型的生物杀菌剂等产品进行处理。

（6）如发现不及时,水稻已遭受严重的病害侵袭,可使用高效、低毒的化学药剂进行控制。

2.细菌性病害

水稻细菌性病害是由病原细菌侵染所引起的病害,常见的包括水稻细菌性基腐病、细菌性褐条病、水稻白叶枯病、细菌性褐斑病、细菌性条斑病等。细菌性病害因为不常见且表现症状易与部分真菌性病害及虫害症状相混淆,加上其传播速度较快,极易错失最佳防治时期,因此发生细菌性病害往往会给水稻种植生产造成巨大损失。

防治方法包括:

（1）加强植物检疫,防止病区扩散,其中水稻细菌性条斑病被列为植物检疫重要对象。

（2）选择抗病性能强的水稻品种,可进行稻种消毒处理,用50%强氯精400倍液浸种12小时。

（3）稻田杂草为部分水稻细菌性病害的重要寄主,应做好杂草清除工作。

（4）加强肥水管理,做好水稻田间管理工作。

（5）如水稻已经发生细菌性病害,可用20%噻菌铜悬浮剂100毫升/亩,对水均匀喷雾。

3.病毒病

水稻病毒病是由病毒危害水稻而引起的一类系统性侵染病害。常见的病毒病有黑条矮缩病、条纹叶枯病、锯齿叶矮缩病、黄矮病等。不同水稻品种、种植方式、种植时期的病毒发生率差异较大,病情的轻、重取决于带毒稻飞虱、叶蝉的迁入量。

防治方法包括:

(1)以"治虫防病"为重点,重点关注稻飞虱、叶蝉等虫害的发生。

(2)对冬季闲田进行翻耕灌水,消灭虫源。

(3)及时清除田间杂草,减少虫害寄主。

4.虫害

水稻虫害常见的有稻飞虱、螟虫、稻蓟马、稻苞虫等,春末夏初高温、高湿的稻田环境易滋生虫害。虫害可导致叶片受损、千粒重降低、瘪谷率增加,造成水稻减产,甚至会导致绝收。

防治方法包括:

(1)坚持"预防为主、综合防治"的植保方针,做好田间管理工作,及时清除田埂、田间杂草,减少虫害寄主。

(2)重点做好秧苗期稻飞虱等虫害防治,可使用1.5千克乐果粉、2千克湿润细土撒施田面。

(3)推广生物防治技术,利用频振式杀虫灯诱杀螟虫等虫害。

二 中华鳖疾病防治

中华鳖疾病分为传染性疾病、侵袭性疾病和其他原因引起的疾病。

1.传染性疾病

传染性疾病是由病毒、细菌、真菌等病原体引起的疾病。中华鳖常见传染性疾病有红脖子病、腐皮病、穿孔病、白斑病和水霉病等。传染性疾病潜伏期短、感染快,很容易交叉感染,使疾病迅速蔓延。

(1)红脖子病:又称为脖颈病,病原体为嗜水气单胞菌嗜水亚种。

主要症状:发病时中华鳖的咽喉部、颈部肿胀,底板出现红色斑块,脖子红肿影响伸长和缩回,病情严重时会导致中华鳖内出血,不摄食,短时间内死亡。中华鳖经历冬眠期后,体质下降,抵抗力较弱时容易被环境中的嗜水气单胞菌感染。

防治方法:①加强水质管理,定期查看水质并检测水质指标,坚持定期换水、消毒等工作;②做好科学投喂工作,保证饲料品质,加强春季强化培育工作;③在疾病流行季节,可在饲料中添加土霉素,每千克中华鳖用药0.1~0.2克;④对发病中华鳖腹腔注射庆大霉素,每千克中华鳖用药8万国际单位。

(2)腐皮病:病原体为嗜水气单胞菌、假单胞菌及其他杆菌。

主要症状:发病初期中华鳖的四肢、脖颈、裙边会出现白色或黄色斑点,随着病情加重,斑点会逐步变成斑块,表皮溃烂,直至死亡。

防治方法:①加强水质管理,定期查看水质并检测水质指标,坚持定期换水、消毒等工作;②发病初期,可使用0.3毫克/升三氯异氰尿酸对养殖水体进行泼洒;③对发病中华鳖腹腔注射庆大霉素,每千克中华鳖用药8万国际单位。

(3)穿孔病:病原体为嗜水气单胞菌、变形杆菌及其他杆菌。

主要症状:发病初期中华鳖的背部和腹部出现脓包,凸出于表皮,随着病情加重,脓包会逐渐变大、变深,直至出现深洞导致穿孔。

防治方法:①减少中华鳖因温度等因素引起的强烈应激反应;②加强水质管理,定期查看水质并检测水质指标,坚持定期换水、消毒等工作;③发病初期,可使用1毫克/升聚维酮碘对养殖水体进行泼洒;④对发病中华鳖腹腔注射硫酸链霉素,每千克中华鳖用药20万国际单位。

（4）白斑病：病原体为毛霉菌。

主要症状：白斑病多发生于室内养殖环境中，发病初期中华鳖的表皮寄生霉菌，会形成白色斑块，随着病情严重，霉菌寄生处表皮坏死、脱落。若霉菌寄生到咽喉部，中华鳖会呼吸困难直至死亡。

防治方法：①加强水质管理，水质清瘦反而会使霉菌迅速生长繁殖，肥水状态下霉菌受到其他菌类影响被抑制生长；②发病初期，可使用20毫克/升生石灰水对养殖水体进行泼洒；③可使用磺胺类药物涂抹中华鳖患处；④室内养殖阶段，中华鳖个体往往较小，耐药性较差，不建议使用抗生素，而且抗生素可能会促进霉菌生长。

（5）水霉病：病原体为水霉菌等多种真菌。

主要症状：发病初期的中华鳖无明显外部症状，随着病情严重，肉眼可见鳖体长有灰褐色棉絮状菌丝，用手触摸有明显的触感。病菌会一直生长布满整个鳖体，从而影响中华鳖的行动、摄食，导致其生长缓慢，严重者消瘦死亡。

防治方法：①加强水质管理，定期查看水质并检测水质指标，坚持定期换水、消毒等工作；②养殖密度不宜过大，以免中华鳖相互撕咬，造成皮肤受伤、感染霉菌；③发病后，可使用1毫克/升聚维酮碘对养殖水体进行泼洒。

2. 侵袭性疾病

侵袭性疾病是指由寄生虫引起的疾病，可分为原生动物寄生虫病和原虫性寄生虫病。常见疾病包括累枝虫病等。累枝虫病，由累枝虫附生引起。寄生虫可寄生在中华鳖体表、内脏，以吸取中华鳖营养为生，影响中华鳖正常的生长发育，死亡率较高。

主要症状：肉眼可见中华鳖的四肢、颈部、背腹甲等处丛生白色纤维状絮毛。当养殖水体呈绿色时，虫体和絮毛也呈绿色。发病的中华鳖摄食下降,行动迟缓、鳖体消瘦,直至鳖体溃烂死亡。

防治方法:①加强水质管理,定期查看水质并检测水质指标,坚持定期换水、消毒等工作;②发病后,可使用8毫克/升硫酸铜溶液对养殖水体进行泼洒,也可使用20毫克/升高锰酸钾溶液对中华鳖进行药浴。

3.其他原因引起的疾病

主要由物理、化学或生物等方面因素引起的疾病。常见疾病包括脂肪代谢障碍、水质恶化或饲料变质引起的疾病。脂肪代谢障碍病,主要是中华鳖摄食了大量腐烂变质的动物源性蛋白,导致变性脂肪酸在鳖体内大量聚集,从而引起脏器衰竭。

主要症状:发病初期,该病无明显外部症状,解剖后发现肝脏呈褐色。随着病情严重,鳖体四肢肿胀、腹部呈褐色,行动迟缓,浮于水面,直至死亡。

防治方法:保证饵料新鲜,当天制作、当天投喂,不投喂腐烂变质的饵料。

第三章 ▶ 稻蟹综合种养技术

▶ 第一节 河蟹的生物学特性

一 河蟹的形态特征

　　河蟹在动物分类学上隶属节肢动物门、甲壳纲、十足目、爬行亚目、方蟹科、绒螯蟹属。该属共有4种,即中华绒螯蟹、日本绒螯蟹、直颚绒螯蟹和狭额绒螯蟹。河蟹的头胸部呈方圆形,一般长6厘米以上,其背面一般呈墨绿色,腹部呈灰白色。由于进化之故,河蟹的头部和胸部已经结合在一起,组成头胸部。头胸部是河蟹的主要部分,背面覆盖着方圆形的坚硬背甲,就是河蟹的头胸甲,俗称蟹斗、蟹壳。头胸甲虽起伏不平,但左、右是对称的。河蟹的生殖孔就在腹甲上。河蟹的腹部,共分7节,弯向前方,折贴在头胸部腹面。雌雄蟹腹部的形状在幼蟹阶段,均为狭长三角形。在发育过程中,雌蟹腹面渐呈圆形,成团脐;雄蟹仍为狭长三角形,成尖脐。河蟹的腹部四周亦生有绒毛,把腹部展开,可见到中线上有一条突起的肠子,以及因性别而异的腹部附肢,称为腹肢。河蟹的胸部,有5对突出的附肢,包括1对螯足和4对步足。第一对足称为螯足,螯足比步足强大,密生绒毛,但一般来说,雄性的螯足比雌性的大,绒毛也比雌性的周密。螯足的形状好似钳子,它既可取食又可御敌。4对步足的形态近似，都不呈钳状，结构也相同，只是第三、第四对步足较扁平，且前后缘长有刚毛。

河蟹在我国仅有一种，但由于生活地理位置的不同，以及水温和环境条件的差异，我国的河蟹已形成了长江水系、瓯江水系和辽河水系等种群。从种群生长规格、回捕率和增肉倍数等指标判断，长江水系种群为人工增养殖最好的种群。

二 河蟹的生活习性

1.蜕壳

河蟹的蜕壳是指河蟹在生长发育中蜕掉坚硬的外骨骼。河蟹蜕壳在蚤状幼体和大眼幼体阶段称为蜕皮，从第一期仔蟹起称为蜕壳。随着生长发育的进行，河蟹必须一次又一次地蜕去外壳才能使身体的体积和重量得以增加。养蟹生产中，保证河蟹顺利蜕壳非常关键。

河蟹蜕下的壳为浅黄色，一眼看上去容易误以为是死蟹，拿起来可发现壳中没有内脏，螯足和步足都已随壳蜕出，稍用力捏一下螯足和步足即可破碎，破碎后可见其为无肌肉的空足，其内仅余水分。河蟹蜕壳既是身体外部形态的变化，也是内部错综复杂的生理活动，是一次节律性生长，也是一次生理上的大变动。顺利时，蜕壳在15~30分钟完成，有时甚至3~5分钟即可蜕下旧壳。在遇到外界惊扰或内部营养不良等情况时，蜕壳时间会延长或蜕不下来。蜕壳不顺利时，若是步足或螯足蜕不出，此时河蟹会自动断掉蜕不下的足，但若是整个身体蜕不出则易致河蟹发生死亡。

河蟹个体的增大、形态的改变，以及断肢再生等，都与蜕壳密切相关。人工养殖河蟹，必须掌握河蟹蜕壳规律。河蟹在幼体阶段，其个体生长发育较快，通常1~2天或3~5天就能蜕皮变态1次，每次完成蜕皮时

间十分短暂,一般在几秒钟或十几秒钟的时间内即可完成。而且无论静卧水底或浮游在水体中,均能顺利蜕皮。河蟹的生长,从蚤状幼体开始,需要经过5次蜕皮,才能变成大眼幼体,大眼幼体再经过多次蜕皮,才能成为幼蟹。而幼蟹要长成大蟹,还要经过多次蜕壳。蚤状幼体和大眼幼体的皮,必须在放大镜下面才能观察到,成蟹的蜕壳比较容易看到。幼蟹从第一期至第十期蜕壳的过程中,在饲料充足的情况下,当水温23~30摄氏度时一般每隔5~8天即蜕壳1次。每蜕壳1次理论上体重即可增加1倍,体长与体宽亦相应增加。当个体生长到15~20克后,一般要隔10天或更长时间才蜕壳1次。

2.变态

蜕壳后河蟹的身体外形或部分形态发生变化,称为变态。河蟹的变态主要集中在幼体期间,刚孵化出的幼体称为蚤状幼体,是因为此阶段幼体完全没有蟹的外形而似水蚤得名。蚤状幼体随发育阶段的不同又分为5期,通常记作Ⅰ期、Ⅱ期、Ⅲ期、Ⅳ期、Ⅴ期蚤状幼体(又称大眼幼体,因1对复眼较大且露出体外而得名)。大眼幼体蜕壳1次,变态为略似蟹形状的仔蟹,称为第一期仔蟹。尽管河蟹的变态主要集中在幼体(蚤状幼体、大眼幼体)阶段,但其后阶段也存在着变态,如河蟹个体生长到100克左右或更大,要进行生命中最后一次蜕壳,经这次蜕壳后,腹脐发展为成熟的形状,雌蟹腹脐变态发育为"团脐",雄蟹的腹脐仍为"尖脐"。

3.生长

河蟹的生长是指体积的增大和体重的增加。河蟹只有经过蜕壳才能达到生长的目的。研究表明,河蟹每蜕壳1次,头胸甲可增加1/6~1/4,幼体或仔蟹比幼蟹期的增幅要大,幼体的头胸甲甚至可增加1/2。天然水体中,河蟹从蟹苗期进入淡水到成熟后进入河口半咸水需16~18个月;体重约5.0毫克的蟹苗,经过近20次的蜕壳,到成熟时体重可在150克以上,有的甚至达到250克。人工放养的幼蟹(体重2~8克/只),在湖泊中经过7~13个月的生长,体重也在150~250克。

4.运动方式与逃逸

河蟹是以爬行为主的甲壳动物,也能做短暂的游泳。实际上,河蟹前进的方向基本是斜向前方的。河蟹攀爬能力和掘洞能力很强,因而在人工养殖条件下,逃逸能力非常强。一般来说,河蟹在以下情况有逃逸可能:第一,刚进入蟹池的苗种,由于对新的环境未适应,傍晚爬出水面,绕池埂乱窜,寻找逃走的机会;第二,在排水时或暴雨汛期,河蟹的趋流性使其爬向进水口或排水口;第三,当池中水质恶化、溶解氧缺乏时;第四,池中河蟹密度过大,饵料缺乏时;第五,河蟹性腺成熟,已进入生殖洄游阶段。

5.掘洞与穴居

河蟹有较强的掘洞能力,靠螯足掘洞,步足起辅助作用。池塘中的洞穴在水位线下一点,底端不与外界相通,略向下变曲折。

成蟹一洞一蟹,幼小时一洞多蟹。在湖泊养蟹时,因条件限制而只有少数个体掘洞,大部分蟹躲藏在石砾、泥沙、水草等隐蔽场所。河蟹在淡水中生活时,喜欢栖居在江河、湖泊或滩涂等处的水草丛中。当外部环境不利或恶劣时,河蟹会选择打洞穴居。河蟹洞穴一般都呈管状,直径2~12厘米,穴道长20~80厘米,有的可深1米以上。穴道与地面呈10~20度倾斜。严冬季节河蟹可潜伏在洞穴中越冬。但在人工养殖下,其穴居的特性也可以发生改变。据行家观察,成蟹穴居率是比较低的,穴居个体数只有2%~5%,而且雌性多于雄性。绝大部分河蟹掩埋于底泥中,只露出口器以上的眼和触角,维持呼吸,由此可见,河蟹并不一定要营穴居生活。

6. 自切与再生

河蟹的螯足和步足大小有时不一样,左右不对称,或者缺肢的地方长着柔软的组织。河蟹有着自切与再生的能力。自切有着固定位置,一般在河蟹步足的基节与坐节之间关节处,再生的新足一般为疣状物,以后新足逐渐长出,经过多次蜕壳才能恢复原来大小。

7. 洄游习性

天然水体中的河蟹一生有2次洄游,分别是幼小时的溯河洄游和性腺成熟后的降河洄游。溯河洄游,是指在河口半咸水处繁殖的蚤状幼体发育到蟹苗阶段,借助潮汐的作用进入淡水,即由河口顺着江河顶流而上,进入湖泊等淡水水体进行育肥的过程,也称索饵洄游。

河蟹的一生基本上是在池塘、湖泊、江河、山溪、水库、稻田等淡水中度过的,但是在性腺成熟后必须到有一定盐度的海水中去繁殖,因此河蟹离不开生殖洄游。

8. 食性

河蟹虽是杂食动物,以食水草如浮萍、马来眼子菜、苦草、轮叶黑藻等多种水生植物和鱼、虾、螺、蚬、水生昆虫和蠕虫为主,同时也吃腐殖碎屑、动物尸体和人工配合饵料,但偏爱动物性食物。在天然放养的情况下,河蟹获得植物性饵料要比动物性饵料来得容易,因此它饥不择食。河蟹一般白天隐居在洞中或潜伏在泥底、草丛中,夜晚出洞觅食,每晚的进食量占自身重量的10%,可谓贪食。在食物缺乏时,河蟹也会自相残杀。

在天然环境中,由于水生植物容易获得,河蟹胃含物60%左右常由植物性饵料构成,但在螺类、虾类的繁殖季节,动物性饵料在河蟹的食物中可占60%~70%。人工饲养条件下,当动物性饵料(蚌肉、小鱼)与水生植物同时存在时,河蟹首先摄取的是动物性饵料,其食物团中水草仅占35%左右。河蟹大多夜晚出来觅食,不仅食量大,而且有较强的忍饥能力,一般 10~15 天不进食也不致饿死。

人工配合饵料已广泛用于河蟹健康养殖过程中,河蟹对于蛋白质有较高的需求量,对脂肪的利用率较高,对糖类的利用率较低,但它可以在水中自由吸收钙离子。一般认为河蟹蚤状幼体对饲料中蛋白质的需求量为 50%~55%,大眼幼体阶段为 45%,幼蟹阶段为 40%~45%,幼蟹到商品蟹阶段为 36%~41%。

9.河蟹的生命史

河蟹的寿命与性别、性成熟的迟早以及生态环境密切相关,就河蟹的种群而言,一般其寿命为 2 年,雄性的寿命为 22 个月,雌蟹的寿命为 24 个月。

三 河蟹的繁殖习性

河蟹是在淡水中生长发育、在海水中繁殖后代的甲壳动物。当河蟹的性腺发育成熟后,它们便于秋冬季节(一般为寒露至立冬)成群结队地顺水而下,向它们"离家"时的江河出海口处迁移。这就是通常所说的"西风响,蟹脚痒,返故乡"。然后在出海口的水域内进行抱对交配。12月份至翌年 3 月份是河蟹的交配产卵期,海水或半咸水是河蟹交配产卵的必要条件,水的温度要求在 5 摄氏度以上。亲蟹受到海水刺激,很快就会有发情反应,但雄蟹发情较早。河蟹的交配时间,短的只有几分钟,长的能达到 1 小时。交配后,雌蟹经 7~16 小时后产卵。产卵时,雌蟹往往用步足的爪尖着地,抬高头胸部,腹部有节奏地开闭,体内成熟的卵球经输卵管与纳精囊输出的精荚汇合,然后从生殖孔喷出,精荚受海水的刺激而释放精子,完成受精过程。受精卵先兜在雌蟹腹部,其腹肢不断搅动受精卵。受精卵吸水膨胀后,其次级卵膜具有黏性,会黏附在雌蟹腹肢的刚毛上,呈葡萄状排列,此时的雌蟹称为抱卵蟹。孵化出膜的蚤状

幼体,经过5次蜕皮,发育成大眼幼体,俗称蟹苗。每年的5—7月份,在江河的出海口处即有大量的大眼幼体随海潮的涨起被带进河口而上溯到淡水湖泊、江河中,不久即发育成幼蟹。幼蟹还需在淡水中经过多次蜕壳才能长大。第二年秋末,河蟹性成熟后又返回到江河入海口处繁殖后代,随后其体内营养大量消耗而逐渐衰老、死亡。随着河蟹人工育苗技术的突破,生产上主要利用人工繁育蟹苗。主要需做好以下几方面工作。

1. 亲蟹的选择

育苗所用的亲蟹应个体规格整齐、体质健壮、附肢齐全,性腺发育良好,无病无损,雌性个体100克以上,雄性个体150克以上,亲蟹的选择时间,在长江中下游应以10月下旬为宜,即在霜降前后。

育苗所需亲蟹除了对体质、规格、生病及受伤与否等方面有严格要求外,对于亲蟹产地及来源也应加以极大关注。因在河蟹养殖生产中,幼蟹来源非常广泛,种质资源混杂,长江蟹、黄河蟹、瓯江蟹、辽河蟹在各处都有养殖,所以为了确保选择亲蟹的优良性,使得长江水系河蟹优良经济性状得以保持延续,各育苗场家应避免选用生长缓慢、个体偏小的其他水系河蟹,而尽量选择具有长江水系河蟹特征的亲蟹作为繁殖优质蟹苗的亲本。

2. 亲蟹的暂养

对选择好的亲蟹,按雌雄3:1的比例并雌雄分开包装,运往育苗场。亲蟹的包装要细致,运输要迅速。到达目的地后,应及时拆包,按雌雄分别放入专池中进行暂养,暂养池亲蟹放养密度可按每亩100千克为宜。亲蟹暂养期间,要十分认真地进行管理,特别是开始几天尤其要防止因环境的变化引起的亲蟹逃逸。暂养期间要加强投饵,为了增强所选亲蟹的体质,应以投喂新鲜活动物性饵料为主,辅投一些植物性饵料。

3.交配与产卵

河蟹交配促产的适宜水温为10~12摄氏度。所以在水温为12摄氏度左右时,选择风和日丽的天气,从暂养的亲蟹中选择性腺发育良好的,按雌雄3:1的比例进行交配。实践证明,不同的交配方式对后代的发育、育苗产量及质量均有极大影响。通常在海水的刺激下,2星期后,就可干塘,视雌蟹抱卵情况及时捕出雄蟹,重新注入盐度相同的海水,进行抱卵蟹饲养。

4.抱卵蟹饲养

受精卵胚胎发育需1~2个月时间,为了确保抱卵蟹能安全越冬,要强化饲养管理措施。抱卵蟹放养密度不宜过大,以每亩500~600只为宜;以室外土池越冬为好,应投喂适量高营养饵料。经常检查受精卵发育情况,密切观察胚胎发育是否正常。抱卵蟹的暂养饲养管理应与育苗生产密切关联,根据育苗生产安排,适时挑选胚胎发育良好的抱卵蟹提前进行催产,或采取降温措施保存抱卵蟹,使其延缓发育,以便延长育苗期。

（四）河蟹的生活环境

根据河蟹的生活习性,为其创造一个适宜的环境,具体要注意以下几点。

1.采用工程手段设计好河蟹养殖池

成蟹养殖池应选择近水源、水质好、排灌方便的地方,对老池要及时进行工程改造。改造后的池底要求相对平整,池埂坡比在1:(2.5~3),淤泥厚10厘米左右,清除多余的淤泥;每个蟹池要能独立地从进水渠进水,并能独立地将水排入排水渠,以免各个池塘的水相互串联、交叉感染病害。

彻底清塘与做好防逃措施是池养河蟹成功的基础。河蟹栖息与蜕

壳都需要生活在安静无敌害的环境中,因此彻底清塘是健康养殖螃蟹的重要环节。清塘的目的,一方面是修整池塘,另一方面是杀灭河蟹生活环境中的细菌、寄生虫和敌害等。蟹塘修整就是要整平塘底,挖去过多的淤泥,修好堤岸和进排水口,一旦发现漏洞或裂缝要填补好,修补防逃设施等。

2.采用理化手段改善河蟹养殖池

河蟹养殖前,对蟹池要认真消毒,每亩用生石灰100~150千克,除杂除野,杀灭病菌,改善底质。养殖期间要定期加注新水,生石灰化水泼洒,每亩15~20千克,以改善水质,调节酸碱度,增加钙质。

3.采用生物手段调节好河蟹养殖池

一是种植水草,利用"蟹草共生"原理,为河蟹提供天然植物饵料,吸收氨氮,进行光合作用制造溶氧。实践证明,河蟹池塘适宜种植的水草有伊乐藻、轮叶黑藻、苦草等,水草面积可占总水面的50%~60%。二是移植螺蛳,投放滤水性鱼类鲢、鳙,利用它们的滤食作用降低肥度,净化水质。三是施用微生物制剂,光合细菌(PSB)、有效微生物菌群(EM)、芽孢杆菌都是不错的选择,可有效吸收水体中的氨氮、硫化氢等有害物质。

4.适宜河蟹生长的水质指标

对河蟹生命活动影响较大的水质指标包括温度、酸碱度(pH)、溶解氧值、氨氮值、亚硝酸盐值、硫化氢值等。适宜温度为15~30摄氏度,最佳为22~25摄氏度;pH适宜范围为7.0~9.0,最佳为7.5~8.5;溶解氧值不低于5毫克/升;氨氮值在0.2毫克/升以下;亚硝酸盐值在0.1毫克/升以下;硫化氢值在0.1毫克/升以下。底泥厚度10厘米左右。

主要调节措施如下:

(1)pH若是在7.2以下,则应采用生石灰来提高水的pH,每亩使用生石灰7.5~10千克化水泼洒;pH升到9.0以上,应添注新水或使用乳酸EM

原露调节。

（2）溶解氧值下降到4毫克/升以下，应立即向池中加注新水或泼洒增氧剂或开启增氧机。

（3）若氨氮、亚硝酸盐、硫化氢超标，可采取以下措施：换水，按1/3量进行；用光合细菌、EM菌等有益微生物制剂改善水质进行调节。

▶ 第二节　稻田养蟹的前期准备工作

一　稻田选择

良好的稻田条件是获得稳产、优质、高效的关键之一。稻田是河蟹适宜的生活场所之一，是它们栖息、生长、活动的环境，许多增产措施都是通过稻田水环境作用于河蟹的。故河蟹的生存、生长和发育与稻田环境条件的优劣有着密切的关系。环境的好坏不仅直接关系到河蟹产量的高低，同时对稻田养蟹的长久发展有着深远的影响。

总的来说，在选择养殖河蟹的稻田时，应考虑到既不能受到污染，同时又不能污染环境，还要方便生产经营、交通便利且具备良好的疾病防治条件，重点考虑稻田位置、面积、地势、土质、水源、水深、防疫、交通、电源、稻田形状、周围环境、排污与环保等方面。需周密计划，事先勘察，才能选好场址。在可能的条件下，应采取措施，改造稻田，创造适宜的环境条件以稳定稻田河蟹产量。

1. 总体要求

养殖河蟹的稻田要有一定的环境条件才行，不是所有的稻田都能养殖河蟹，一般的环境条件主要包括以下几点：

（1）面积：稻蟹综合种养面积应根据各地的地形、地貌的实际情况决定。地形起伏较大的地区，面积以5~10亩为宜；地形平缓、平整度好的地区，面积以10~50亩为宜。面积大比面积小更适宜发展稻蟹综合种养。

（2）自然条件：在规划设计时，要充分勘察了解规划建设区的地形、水利等条件，有条件的地区可以充分考虑利用地势自流进（排）水，以节约动力提水所增加的电力成本。同时，还应注意洪涝、台风等灾害因素的影响，对连片稻田修理进（排）水渠道、田埂及修建房屋等建筑物时应考虑排涝、防风等问题。

（3）水源、水质条件：水源是河蟹养殖的先决条件之一。在选水源的时候，首先供水量一定要充足，不能缺水，包括河蟹养殖用水、水稻生长用水及工人生活用水，确保雨季水多不漫田、旱季水少不干涸、排灌方便、无有毒污水和低温冷浸水流入；其次是水源不能有污染，水质良好，要符合饮用水标准。在养殖之前，一定要先观察养殖场周边的环境，不要建在化工厂附近，也不要建在有工业污水注入区的附近。

水源分为地面水源和地下水源，无论是采用哪种水源，一般应选择在水量丰足、水质良好的水稻生产区进行养殖。如果采用河水或水库水等地表水作为养殖水源，要考虑设置防止野生鱼类进入的设施，以及周边水环境污染可能带来的影响，还要考虑水的质量，一般要经严格消毒以后才能使用。如果没有地面水源，则应考虑打深井取地下水作为水源，在8~10米的深处细菌和有机物相对较少，但要注意供水量是否能满足养殖需求，一般要求在10天左右能够把稻田注满且能循环用水一遍。因此，要求农田水利工程设施要配套，要有一定的灌排条件。

2. 土壤、土质

稻田的土壤与水直接接触，对水质的影响很大。在养殖前，要充分调查了解当地的地质、土壤、土质状况。要求：一是场地土壤以往未被传染病或寄生虫病原体污染过;二是具有较好的保水、保肥、保温能力;三是要有利于浮游生物的培育和增殖,不同的土壤和土质对河蟹养殖场的建设成本和养殖效果影响很大。

根据生产经验,饲养河蟹的稻田的土质要肥沃,以含砂量适中的黏性土壤最好,黏土次之。黏性土壤的保持力强,保水力也强,渗漏力小,因此这种稻田是最适合用来养蟹的。砂质土或含腐殖质较多的土壤,保水力差,在进行田间工程尤其是做田埂时容易渗漏、崩塌,故不宜选用。含铁质过多的赤褐色土壤,浸水后会不断释放出含有铁和铝的赤色浸出物,而铁和铝会将磷酸与其他藻类必需的营养盐结合起来,使藻类无法利用,也使施肥无效,水肥不起来则对河蟹生长不利,因此也不适宜选用。如果表土性状良好,而底土呈酸性,在挖土时,则尽量不要触动底土。底质的酸碱度也是考虑的一个重要因素,pH低于5或高于9.5的地区不适宜用来养殖河蟹。

3.交通运输条件

交通条件主要是考虑运输的方便,如饲料的运输、养殖设备材料的运输、幼蟹及成蟹的运输等。如果养殖河蟹的稻田的位置太偏僻,交通不便,不仅不利于养殖户自己的运输,还会影响客户的来往。另外,养殖河蟹的稻田最好是靠近饲料的来源地区,尤其是有天然动物性饲料来源的稻田一定要优先考虑。

二 稻田改造

1.开挖蟹沟

这是科学养殖河蟹的重要技术措施,稻田因水位较浅,夏季高温对河蟹的影响较大,因此必须在稻田四周开挖环形沟(图3-1)。在保证水稻不减产的前提下,应尽可能地扩大蟹沟面积,最大限度地满足河蟹的生长需求。蟹沟的开挖面积一般不超过稻田面积的10%,面积较大的稻田,还应开挖"田"字形、"川"字形或"井"字形的田间沟,但开挖面积宜控制在10%左右。环形沟距田埂1.5米左右,环形沟上口宽3米,下口宽0.8米;田间沟宽1.5米,深0.5~0.8米。蟹沟既可防止水田干涸和作为烤稻田、施追肥、喷农药时河蟹的临时避难场所,也是夏季高温时河蟹栖息隐蔽遮阳的场所(图3-2)。

图3-1　环形沟施工　　　　　　　图3-2　稻蟹田结构

蟹沟的位置、形状、数量、大小应根据稻田的自然地形和稻田面积的大小来确定。一般来说,面积比较小的稻田,只需在稻田周边开挖一条蟹沟即可;面积比较大的稻田,可每间隔50米左右在稻田中央多开挖几条蟹沟,当然周边沟较宽一些,田间沟可以窄一些。

2.加高、加固田埂

为了保证养殖河蟹的稻田达到一定的水位,防止田埂渗漏,增加河蟹活动的立体空间,以利于提高河蟹养殖的产量,就必须加高、加宽、加固田埂。可将开挖环形沟的泥土垒在田埂上并夯实,确保田埂高1.0~1.2米,宽1.2~1.5米,并打紧夯实,要求做到不裂、不漏、不垮,在满水时不能崩塌跑蟹。

3.进排水系统

在河蟹养殖的场地中,进排水系统是非常重要的组成部分,进排水系统规划建设的好坏直接影响到河蟹养殖的生产效果和经济效益。稻田养殖的进排水渠道一般是利用稻田四周的沟渠建设而成,对于大面积连片养殖稻田的进排水总渠在规划建设时应做到进排水渠道独立,严禁进排水交叉污染,防止蟹病传播。设计规划连片稻田进排水系统时还应充分考虑稻田养殖区的具体地形条件,尽可能采取一级动力取水或排水,合理利用地势条件设计进排水自流形式,降低养殖成本。可采取按照高灌低排的格局,建好进、排水渠,做到灌得进、排得出,定期对进、排水渠进行整修消毒。

三 防逃设施

河蟹的逃逸能力比较强,一般来讲,河蟹逃跑的原因主要有以下几点:

一是由于生活和生态环境改变而引起大量逃跑。幼蟹刚刚投放到稻田里,由于对新环境不适应,它们在傍晚时爬出稻田,沿着田埂到处乱窜,寻找逃跑的机会。这种逃跑,通常持续1周的时间,以前3天最多。待它们适应新环境后就会安居下来,因此对于稻田养殖河蟹的农户来说,必须先建好防逃设施后再投放幼蟹,万万不可先投放幼蟹后再补做防逃设施。

二是稻田里尤其是田间沟里的水质恶化迫使河蟹为寻找适宜的水域环境而逃走。有时天气突然变化,特别是在盛夏暴风雨来临前,由于天气闷热、气压较低,田间沟里的溶解氧会降低,这时河蟹就会选择逃逸,先是逃到田面上,大多数会在秧苗上趴着,也有少数直接爬到田埂上,试图向外逃跑。

三是在饵料严重匮乏时,河蟹也会逃跑,它们会为了寻找适口的饵

料而在夜间爬出田间沟,到处乱窜,当发现防逃设施不严密时就会向外逃跑。

四是在稻田里放养的密度过大时,它们也会逃跑。

五是在稻田排水时,例如需要降水晒田、施药治水稻疾病时,以及暴雨汛期,河蟹也会大量逃跑。这是因为河蟹具有较强的趋流性,当稻田排水或暴雨引起稻田里的水流动时,身处其中的河蟹就会异常活跃,在夜晚就会顺着水流爬向出水方向,有时也会逆水爬向进水口处从进水口逃走。

因此,在河蟹放养前一定要建好防逃设施。

防逃设施有多种,常用的有三种。第一种是安插高65厘米的硬质钙塑板或玻璃钢板作为防逃板,埋入田埂泥土中约15厘米,剩余部分高出地面50厘米以上,每隔75~100厘米处用一木桩固定。注意四角应做成弧形,防止河蟹以叠罗汉的方式或沿夹角攀爬外逃。第二种是选用双层塑料作为防逃设施,在河蟹池塘堤岸的内侧,每隔1.5~2米埋1根方木棍,然后将宽0.8~1米、长1.5~2米的双层塑料绷紧在方木棍内侧,埋入土中20~30厘米,夯紧压实;露出地面部分的高度在60~70厘米。在双层塑料的上部打上孔眼,用细铁丝固定在木桩上(图3-3)。第三种防逃设施是

图3-3 稻蟹防逃设施

采用网片和硬质塑料薄膜共同防逃,在易涝的低洼稻田主要以这种方式防逃,用高0.8~1.0米的密网围在稻田四周,在网上内面距顶端10厘米处再缝上一条宽25~30厘米的硬质塑料薄膜即可。

稻田开设的进、排水口应采用双层密网防逃,同时也能有效地防止蛙卵、野杂鱼卵及其幼体进入稻田危害蜕壳蟹。同时,为了防止在夏天雨季堤埂被冲毁,稻田应开设一个溢水口,溢水口也要用双层密网过滤,防止幼蟹乘机逃走。

(四) 配套暂养池

开展河蟹水稻综合种养时必须配套暂养池,7月份水稻第一次烤田之前,将河蟹放入暂养池进行养殖,完成前2次或前3次蜕壳。按照每100亩稻田配套20亩暂养池的比例设置。暂养池最好选择相距不远的池塘,或者将部分低洼废地改造成暂养池。

暂养池面积以5~10亩为宜,土质为黏壤土,池塘四周离埂脚3米挖环形沟,沟宽6米,深0.8米,坡比1:(2~2.5),最大水位可达1.5米;水源水质符合国家渔业养殖用水标准,进、排水方便;交通便捷,电力常年供应正常。

(五) 配套暂养池准备

1. 配套暂养池清整

配套的暂养池是河蟹前2~3次蜕壳生活的地方,暂养池环境条件直接影响到河蟹的生长、发育,可以这样说,暂养池清整是改善河蟹养殖环境条件的一项重要工作。

对暂养池进行清整,从养殖的角度上来看,有五个好处:

(1)提高水体溶解氧。暂养池底部沉积了大量淤泥,一般每年沉积

10厘米左右。如果不及时清整,淤泥越积越厚,暂养池底部的淤泥过多,水中有机质也多,大量的有机质经细菌作用氧化分解,消耗大量溶氧,使暂养池下层水处于缺氧状态。在清整时把过量的淤泥清理出去,就人为地减轻了暂养池底泥的有机耗氧量,也就提高了水体的溶解氧。

(2)减少河蟹得病的机会。淤泥里存在各种病原菌,另外淤泥过多也易使水质变坏,水体酸性增加,病原菌易于大量繁殖。通过清整田间沟能杀灭水中和底泥中的各种病原菌、寄生虫等,减少河蟹发生疾病的概率。

(3)杀灭有害生物。通过对暂养池的清淤,可以杀灭对河蟹尤其是幼蟹有害的生物,如蛇、鼠和水生昆虫,以及吞食软壳河蟹的野杂鱼类如鲶鱼、乌鱼等。

(4)起到加固堤埂的作用。养殖时间长的暂养池,有的堤埂会出现崩塌现象。在清整暂养池的同时,将底部的淤泥挖起放在堤埂上,拍打紧实,可以加固堤埂。

(5)增大蓄水量。当沉积在暂养池底部的淤泥得到清整后,水深增加了,暂养池的蓄水量也就增加了。

2.暂养池消毒

暂养池的消毒至关重要,类似于建房打地基。地基打得扎实,高楼才能安全稳固,否则就有可能酿成"豆腐渣"工程的悲剧。养殖河蟹也一样,消毒等基础工作做得不扎实,就会增加养殖风险,甚至酿成严重亏本的后果。消毒的目的是消除养殖隐患,这是健康养殖的基础工作,对种苗的成活率和生长健康起着关键性的作用。消毒的药物选择和使用方法如下:

(1)生石灰消毒。生石灰的来源非常广泛,几乎所有的地方都有,而且价格低廉。生石灰遇水后反应生成氢氧化钙,俗称熟石灰,可以杀死多种病原菌,是目前国内外公认的最好的消毒剂。其既具有水质改良作用,又具有一定的杀菌消毒功效,可谓价廉物美。它的缺点是用量较大,使用时占用的劳动力较多,而且生石灰有严重的腐蚀性,操作不慎,会对人的皮肤等造成一定的伤害,因此在使用时要小心操作。

生石灰消毒可分干法消毒和带水消毒两种方法。通常都是使用干法消毒,在水源不方便或无法排干水的稻田才用带水消毒。

干法消毒:在幼蟹放养前20~30天,排放暂养池的水,保留水深5厘米左右,并不是要把水完全排干。在暂养池底中间选好点,一般每隔15米选一个点,挖成一个个小坑,小坑的面积约1平方米即可,将生石灰倒入小坑内,用量为每亩环沟用生石灰40千克左右,加水后生石灰会立即溶化成石灰浆水,同时会释放出大量的热汽和发出咕嘟咕嘟的声音。这时要趁热向四周均匀泼洒,边缘和环沟中心以及洞穴都要洒到。为了提高消毒效果,最好在暂养池的中间也用石灰水泼洒一下,然后再经3~5天曝晒后,灌入新水,经试水确认无毒后,就可以投放幼蟹。

带水消毒:对于那些排水不方便或者是为了抢农时,可采用带水消毒的方法。这种消毒措施速度快,效果也好。缺点是石灰用量较多。幼蟹投放前15天,每亩水面水深100厘米时(这时在计算生石灰用量时,必须计算所有有水的区域),用生石灰150千克,先是将生石灰放入大木盆、小木船、塑料桶等容器中溶于水化开成石灰浆,然后操作人员穿防水裤下水,将石灰浆全田(包括堤埂)均匀泼洒。用带水法消毒,虽然工作量大一点,但它的效果很好,可以把石灰水直接灌进田埂边的鼠洞、蛇洞、泥鳅洞和黄鳝洞里,能彻底地杀死有害动物。

消毒后还要测试余毒。测试余毒,就是测试水体是否还有毒性,这在水产养殖中是经常应用的一项小技巧。测试的方法是在消毒后的田间沟里放一只小网箱,在预计毒性已经消失的时间,向小网箱中放入30

只幼蟹,如果在一天(即24小时)内,网箱里的幼蟹既没有死亡也没有任何其他的不适反应,那就说明生石灰的毒性已经全部消失,这时就可以大量投放幼蟹。如果24小时内仍然有测试的幼蟹死亡,那就说明毒性还没有完全消失,这时可以再次换水1/3~1/2,然后过1~2天再测试,直到完全安全后才能放养幼蟹。后面有关章节中涉及的药剂消毒性能的测试方法与此是一样的。

(2)漂白粉消毒。和生石灰消毒一样,漂白粉消毒也有带水消毒和干法消毒两种方式。使用漂白粉要根据暂养池内水量的多少决定用量,防止用量过大杀死稻田里的螺蛳。

带水消毒:在用漂白粉带水消毒时,要求水深0.5~1米,漂白粉的用量为每亩用10~15千克。先在木桶或瓷盆内加水将漂白粉完全溶化,之后均匀泼洒,也可将漂白粉顺风撒入水中即可,然后划动暂养池里的水,使药物分布均匀,一般用漂白粉清整消毒后3~5天即可注入新水和施肥,再过两三天后,就可投放幼蟹进行饲养。

干法消毒。用漂白粉消毒时,根据暂养池面积每亩用5~10千克,使用时先用木桶加水将漂白粉完全溶化后,全池均匀泼洒即可。

(3)生石灰、漂白粉交替消毒。有时为了提高效果、降低成本,就采用生石灰、漂白粉交替消毒的方法,比单独使用漂白粉或生石灰消毒效果好。此种方法也分为带水消毒和干法消毒两种。

带水消毒:暂养池的水深1米时,每亩用生石灰60~75千克加漂白粉5~7千克进行消毒。

干法消毒:水深在10厘米左右,每亩用生石灰30~35千克加漂白粉2~3千克,化水后趁热全池泼洒。使用方法与前面两种相同,7天后即可投放幼蟹,效果比单用一种药物好。

(4)漂白精消毒。干法消毒时,可排干田间沟的水,每亩用含有效氯为60%~70%的漂白精2~2.5千克进行消毒。

带水消毒时,每亩、每米水深用含有效氯为60%~70%的漂白精6~7千克。使用时,先将漂白精放入木盆或搪瓷盆内,加水稀释后进行全田均匀泼洒。

(5)茶粕消毒。水深1米时,每亩用茶粕25千克。将茶粕捣碎成小块,放入容器中加热水浸泡一昼夜,然后加水稀释连渣带汁全池均匀泼洒。在消毒10天后,毒性基本上消失,可以投放幼蟹进行养殖。

(6)生石灰和茶碱混合消毒。此法适合稻田进水后用,把生石灰和茶碱放进水中溶解后,全池泼洒,生石灰每亩用量为50千克,茶碱为10~15千克。

(7)鱼藤酮消毒。使用含量为7.5%的鱼藤酮的原液,水深1米时,每亩使用700毫升,加水稀释后装入喷雾器中全池喷洒。能杀灭几乎所有的敌害鱼类和部分水生昆虫,但对浮游生物、致病细菌和寄生虫没有什么作用。效果比前几种药物差一些,毒性7天左右消失,这时就可以投放幼蟹。

(8)二氧化氯消毒。先引入水源后再用二氧化氯消毒,用量为10~20千克/(亩·米)水深,7~10天后放苗。该方法能有效杀死浮游生物、野杂鱼虾类等,防止蓝藻、绿藻大量滋生。放苗之前一定要试水,确定安全后才可放苗。

3.解毒处理

(1)降解残毒。在运用各种药物对水体进行消毒、杀死病原菌并除去杂鱼后,暂养池里会有各种毒性物质存在,这里必须先对水体进行解毒后方可用于河蟹养殖。

解毒的目的就是降解消毒药品的残毒以及重金属、亚硝酸盐、硫化氢、氨氮、甲烷和其他有害物质的毒性,可在消毒除杂的5天后泼洒卓越

净水王或解毒超爽或其他有效的解毒药剂。

（2）防毒排毒。防毒排毒是指定期有效地预防和消除养殖过程中出现或可能出现的各种毒害，如重金属中毒、消毒杀虫灭藻药中毒、亚硝酸盐中毒、硫化氢中毒、氨中毒、饲料霉变中毒、藻类中毒等。尤其对于重金属对河蟹养殖的危害，我们必须要有清醒的认识。

常见的重金属有铅、汞、铜、镉、锰、铬、锑等。重金属的来源主要有两方面：第一是来自所抽的地下水，其本身重金属含量就超标；第二是自我污染，也就是说在养殖过程中滥用各种吸附型水质和底质改良剂等，从而导致重金属离子超标。尤其是在养殖中后期，池底的有机物随着投饵量和河蟹粪便以及动物尸体的不断增多而增加，底质环境非常脆弱，受气候、溶氧、有害微生物的影响，容易产生氨氮、硫化氢、亚硝酸盐、甲烷、重金属等有毒物质。还有一种自我污染的途径就是由于管理的疏忽，对沟底的有机物没有及时有效地处理，造成水质富营养化，产生蓝藻和水华。那些老化及死亡的藻类，以及泼洒消毒药后投喂的饵料都携带着有毒成分，且容易被河蟹误食，从而造成河蟹中毒。

重金属超标会严重损害河蟹的神经系统、造血系统、呼吸系统和排泄系统，从而引发神经功能紊乱、代谢失常、肝胰腺坏死、肝脏肿大、败血、黑鳃、烂鳃、停止生长等症状。

因此，我们在河蟹养殖的日常管理工作中要做好防毒解毒工作，从而消除养殖的健康隐患。首先是对外来的养殖水源要加强监管，努力做到不使用受污染的水源；其次是在使用自备井水时，要做好曝晒的工作和及时用药物解毒的工作；第三就是在养殖过程中不滥用药物，减少自我污染的可能性。高密度养殖的暂养池环境复杂而脆弱，潜伏着致病源的隐患，随时都威胁着河蟹的健康养殖。因此，中后期的定期解毒、排毒是很有必要的。

4.清除暂养池隐患的技术

（1）培植有益微生物种群。培植有益微生物种群,不仅能抑制病原微生物的生长繁殖,消除健康养殖隐患,还可将池底有机物和生物尸体通过生物降解转化成藻类、水草所需的营养盐类,为肥水培藻、强壮水草奠定良好的基础。在解毒3~5小时后,就可以采用有益微生物制剂如水底双改、底改灵、底改王等药物,按使用说明全田泼洒,目的是快速培植有益微生物种群,用来分解消毒杀死的各种生物尸体,避免二次污染,消除病原隐患。

如果不用有益微生物对被消毒杀死的生物尸体进行彻底的分解或消解的话,那就说明消毒不彻底。这样的危害就是那些具有抗体的病原微生物待消毒药效过期后就会复活,而且它们会在复活后利用残留的生物尸体作为培养基大量繁殖。而病原微生物复活的时间恰好是河蟹蜕壳最频繁的时期,蜕壳时的河蟹活力弱、免疫力低下、抗病能力差,病原微生物极易侵入蟹体引发病害。所以,我们必须在用药后及时解毒和培育有益微生物的种群。

（2）防应激、抗应激。防应激、抗应激,无论是对水草、藻相,还是对河蟹,都很重要。如果水草、藻相应激而死亡,那么水环境就会发生变化,会导致河蟹连带发生应激反应。可以这样说,大多数的河蟹病害都是因应激反应导致河蟹活力减弱,病原体侵入河蟹体内才引发的。

水草、藻相的应激反应主要是受气候、用药、环境变化(如温差、台风天气、低气压、强降雨、阴雨天、风向变化、夏季长时间水温高、泼洒刺激性较强的药物、底质腐败等因素)的影响而发生的。为防止气候变化引起应激反应,应养成关注气象信息的好习惯,听天气预报预知未来3天的天气情况,当出现闷热无风、阴雨连绵、台风暴雨、风向不定、雨后初晴、持续高温等恶劣天气和水质浑浊等不良水质时,不宜过量使用微生物制

剂调水改底,更不宜使用消毒药;同时,应酌情减料投喂或停喂,否则会刺激河蟹产生强应激反应,从而导致恶性病害发生,造成严重后果。

(3)做好补钙工作。在暂养池养殖河蟹的过程中,有一项工作常常被养殖户忽视,却是养殖河蟹成功与否的不可忽视的关键工作,这项工作就是补钙。

①水草、藻类生长需要吸收钙元素。钙是植物细胞壁的重要组成成分,如果暂养池中缺钙,就会限制暂养池里的水草和藻类的繁殖。我们在放苗前肥水时,常常会发现有肥水困难或水草老化、腐败现象,其中一个重要的原因就是水中缺乏钙元素,导致藻类、水草难以生长繁殖。因此,肥水前或肥水时需要先对稻田里的水进行补钙,最好是补充活性钙,以促进藻类、水草快速吸收转化,达到"肥、活、嫩、爽"的效果。

②养殖用水要求有合适的硬度和合适的总碱度,因此水质和底质的养护和改良也需要补钙。养殖用水的钙、镁含量合适,除了可以稳定水质和底质的酸碱度,增强水的缓冲能力外,还能在一定程度上降低重金属的毒性,并能促进有益微生物的生长繁殖,加快有机物的分解矿化,从而加速植物营养物质的循环再生,对抢救倒藻、增强水草生命力、修复水色及调理和改善各种危险水色、底质等,效果显著。

③河蟹的整个生长过程都需补钙。首先,河蟹的新陈代谢离不开钙。钙是动物骨骼、甲壳的重要组成部分,对蛋白质的合成与代谢、碳水化合物的转化、细胞的通透性、染色体的结构与功能等均有重要影响。其次,河蟹的生长离不开钙。河蟹的生长要通过不断的蜕壳和硬壳来完成,因此需要从水体和饲料中吸收大量的钙来满足生长需要。集约化的养殖方式常使水体中矿物质盐的含量严重不足,而钙、磷吸收不足会导致河蟹的甲壳不能正常硬化,形成软壳病或者蜕壳不遂,导致生长速度减慢,严重影响河蟹的正常生长。因此,为了确保河蟹的生长发育正常

和蜕壳的顺利进行,需要及时补钙。可以说,补钙固壳、增强抗应激能力,是加固防御病毒侵入的防火墙。

(4)采用生物培植氧源。如何利用生物来培植氧源呢?最主要的技巧就是加强对水质的调控管理,适时适量使用合适的肥料培育水草和稳定藻相。一是在放养幼蟹的时候,注重"肥水培藻,保健养种"的做法;二是在养殖的中后期注意强壮、修复水草,防止水草根部腐烂、霉变;三是在巡查暂养池的时候加强观察,观察河蟹的健康情况,同时也应该观察水草和藻相是否正常,水体中的悬浮颗粒是否过多,藻类是不是有益的藻类,是否有泡沫,水质是不是发黏且有腥臭味,是否水色浓绿、泡沫稀少,藻相是否经久不变,等等,一旦发现问题,必须及时采取相应的措施进行处理。可以这样说,保护健康的水草和藻相,就是保护暂养池氧源的安全,是养殖河蟹成功的关键。

5.水草种植与管理

暂养池水草选择伊乐藻(图3-4)、苦草(图3-5)、轮叶黑藻3个品种。伊乐藻在2月份之前种植结束,种植在环形沟内,每亩(实际种植面积)用草量200~250千克。为防止水草露头影响风浪和导致伊乐藻死亡,

图3-4　蟹池伊乐藻

图3-5　蟹池苦草

5月份用围刀割草头3次,一般10天1次,使伊乐藻始终保持在水面30厘米以下。苦草4月份种植结束,每亩用种量0.5千克,将种子揉搓后在坂田上全池泼洒。苦草被河蟹夹断后要及时捞出池塘。轮叶黑藻4月份种植结束,每亩(实际种植面积)用1.5~2厘米长的芽孢7千克,种植面积占坂田面积的50%左右。为防止轮叶黑藻早期被破坏,应使用密眼围网将其隔开。为促进水草生长,5~6月份,每个月各施1次过磷酸钙,每亩用量为5千克。

▶ 第三节　幼蟹的选择

一 幼蟹的质量

选择幼蟹的质量标准:长江水系中华绒螯蟹外形特征明显;头胸甲凸凹隆起明显,4个额齿缺刻深,第四侧齿小而尖明显,第二步足细长且屈后长出额齿;二螯八足健全,蟹体无磨损和外伤;幼蟹游泳、爬行活跃迅速,反应敏捷;幼蟹色泽明亮,体表洁净,无附着物和寄生虫;规格整齐,一般重120~200只/千克;未使用国家禁止使用的药物及相关投入品。

1.幼蟹的鉴别与放养

幼蟹的质量优劣直接决定成蟹的养殖效益,因此正确鉴别优质幼蟹是养殖生产的关键环节。笔者通过长期实践,总结出了几个鉴别幼蟹的方法。一是鉴定幼蟹来源。目前市场上幼蟹种质资源多样,良莠不齐,其中以长江幼蟹稳定性能好、生长速度快、成活率及回捕率高,鉴定时主要从河蟹的前额齿的尖锐程度、疣突的形状、步足的扁平程度及附肢刚毛等几个方面进行。二是选择品系纯正、苗体健壮、规格均匀、体表光洁不沾污物、色泽鲜亮、活动敏捷的幼蟹。三是投放的幼蟹要求甲壳完整、肢体齐全、无病无伤、活力强、规格整齐、同一来源,选择1龄幼蟹,不选性早熟的2龄种和小老蟹。四是对幼蟹进行体表检查。随机挑3~5只幼蟹把背壳扒去,鳃片整齐无短缺、淡黄或黄白色,无固着异物,无聚缩虫,肝脏呈菊黄色,丝条清晰者为健康无病的优质幼蟹。如果发现幼蟹的鳃片有短缺、黑鳃、烂鳃等现象,同时幼蟹的肝脏明显变小,颜色变异、无光泽则为劣质幼蟹、带病幼蟹。五是剔除伤病幼蟹。虽然伤残附肢可以再生,但会影响成蟹规格,更重要的是缺少附肢的幼蟹的成活率明显降低,因此必须剔除肢体残缺、活动能力不强、体表有寄生虫的幼蟹。六是挑除性早熟蟹。性早熟蟹已经没有任何养殖意义,应及时挑出并处理。性早熟蟹主要是从大螯绒毛环生的程度、蟹脐圆与尖的比例、雌蟹卵巢轮廓的大小、雄蟹交接器(生殖器)的硬化程度及附肢刚毛密生程度等方面进行辨识、筛选。

幼蟹的放养时间以2月中旬至3月上旬为主,此时温度低,河蟹活动能力及新陈代谢强度低,有利于提高运输成活率。每亩暂养池宜放养规格为120~200只/千克的幼蟹3 000~3 500只。

幼蟹放养与水稻移植有一定的时间差,因此暂养幼蟹是必要的。建

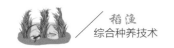

议就近安排池塘或在田头开辟土池暂养,具体方法是幼蟹放养前半个月落实好暂养池塘并做好准备工作,在稻田附近配套20%的暂养池,用于暂养幼蟹。

2.不宜投放的幼蟹

(1)性早熟蟹不宜投放。有的蟹虽然看起来很小,只有20~30克/只,但是它们的性腺已经成熟,如果把这种蟹放养在蟹池里,它们在开春后直至第二次蜕壳时会逐渐死去。这种蟹前壳呈墨绿色,雄蟹螯足绒毛粗长发达,螯足及步足刚健有力,雌蟹肚脐变成椭圆形,四周有小黑毛,是典型的性早熟幼蟹,没有任何养殖意义。

(2)小老蟹不宜投放。人们在生产上通常将小老蟹称为"懒小蟹""僵蟹",因为它们已在淡水中生长2秋龄,但因某种原因未能长大,之后也很难再长大了,也就是我们常说的"养僵了"。一般性腺已成熟,所以背甲发青,腹部四周有毛,夏季易死亡,回捕率很低。

(3)病蟹不宜投放。病蟹四肢无力,动作迟钝,入水再拿出后口中泡沫不多,腹部有时有小的白斑点,这样的幼蟹不要投放。肢体不全或有其他损伤尤其是大螯不全的幼蟹最好不要投放,因为断肢河蟹虽能再生新足,但商品档次下降。鳃片有短缺、黑鳃、烂鳃等现象的幼蟹不宜投放。活动能力不强,同时肝脏明显变小、颜色变异无光泽的幼蟹也不宜投放。

(4)咸水幼蟹不宜投放。这种蟹在海边长大,它的外表和正宗幼蟹没有明显区别,但如果把咸水蟹放在淡水中一段时间,则会有的死亡,有的爬行无力,有的发生体色改变。

(5)氏纹弓幼蟹不宜投放。氏纹弓蟹又称铁蟹、蟛蜞,淡水河中生长较多。它是一种长不大的水产动物,最大只有50克左右,品质差。由于它的幼体外形和中华绒螯蟹非常相似,所以常有人捕来以假乱真。稍加注意,不难发现:氏纹弓蟹背甲方形,步足有短细绒毛,色泽较淡。

3.小老蟹的鉴别方法

养殖户在选择幼蟹的时候,一定要避开性早熟蟹。河蟹性早熟就是在其尚未达到商品规格时,已由黄蟹蜕壳变为绿蟹,这时它们的性腺已经发育成熟,如果在盐度变化的刺激下,是能够交配产卵并繁殖后代的,这种未达商品规格就性成熟的蟹通常被称为"小老蟹"。

小老蟹个体规格为每千克20~28只,由于它们的大小与大规格的幼蟹基本一样,所以有的养殖户特别是刚刚从事河蟹养殖的人是难以将它们区分开来的。而如果将这种"小老蟹"作为幼蟹在第二年继续养殖时,不仅生长缓慢,而且易因蜕壳不遂而死亡,更重要的是,它们几乎不可能再具有生长发育的空间了,将会给养殖生产带来损失。因此,我们一定要杜绝小老蟹在蟹池里的养殖,这就是我们在编写本书时特别将小老蟹的鉴别方式做重点介绍的原因。现介绍一些较为简便易行的鉴别方法供养殖人员参考。

我们通常将鉴别小老蟹的方法简称为"五看一称"法。

一是看腹部。正常的幼蟹,在幼年期,不论雌雄个体,它们的腹部都是呈狭长状的,略呈三角形。随着河蟹的蜕壳生长,雄蟹的腹部仍然保持三角形,而雌蟹的腹部将随着蜕壳次数的增加而慢慢变圆,到了成熟时就成为相当圆的脐了,所以成熟河蟹有"雌团雄尖"的说法。因此我们在选购幼蟹时,要观看蟹的腹部,如果都是三角形或近似三角形,即为正常的幼蟹。如果腹部已经变圆,且圆的周围密生绒毛,那么就是性腺成熟的蟹,就是明显的小老蟹,不要购买。

二是看交接器。观看交接器是辨认雄蟹是否成熟的有效方法,打开雄蟹的腹部,发现里面有2对附肢,着生于第一至第二腹节上,其作用是形成细管状的第一附肢,在交配时这对附肢的末端紧紧地贴吸在雌蟹腹

部第五节的生殖孔上,故雄蟹的这对附肢叫交接器。正常的幼蟹,由于它们还没有达到性成熟,性激素分泌有限,交接器表现为软管状,而性成熟的小老蟹的交接器则在性腺的作用下,变为坚硬的骨质化管状体,且末端周生绒毛,所以说交接器是否骨质化是判断雄蟹是否性成熟的条件之一。

三是看螯足和步足。正常幼蟹步足的前节和胸节上的刚毛短而稀。不仔细观察根本就不会注意到,而在性成熟的小老蟹身上则表现为刚毛粗长,稠密且坚硬。

四是看性腺。打开幼蟹的头胸甲,如果只能看到黄色的肝脏,那就说明是正常的幼蟹。若是性腺成熟的雌蟹,在肝区上面有2条紫色长条状物,这就是卵巢,肉眼可清楚地看到卵粒。若是性成熟的雄蟹,肝区有2条白色块状物,即精巢,俗称蟹膏。一旦出现这些情况就说明河蟹已经性成熟了,就是小老蟹,当然是不能养殖的。

五是看河蟹的背甲颜色和蟹纹。正常幼蟹的头胸甲背部的颜色为黄色,或黄里夹杂着少量淡绿色,其颜色在幼蟹个体越小时越淡;性成熟的小老蟹背部颜色较深,为绿色,有的甚至为墨绿色,这就是性成熟蟹被称为"绿蟹"的原因,小老蟹是没有任何养殖意义的。蟹纹是蟹背部多处起伏状的俗称,正常幼蟹背部较平坦,起伏不明显,而性成熟蟹背部凹凸不平,起伏相当明显。

一称是称体重。生产实践表明,个体小于15克的幼蟹基本上是没有性早熟的;小老蟹一般都在20~50克。因此在选择幼蟹时,为了安全起见,在没有绝对判断能力时,可以通过称重来选购幼蟹。在北方宜选择体重10~15克的幼蟹,即每千克幼蟹的个数在60~100只,在南方可选用5~10克的,即每千克幼蟹的个数在100~200只,这样既能保证达到上市规格,又可较好地避免选中小老蟹。

二 幼蟹的捕捞

1.冲水捕捞幼蟹

为保证幼蟹的质量,优选冲水捕捞幼蟹技术。

(1)技术要点:捕捞幼蟹时在蟹塘的进水口埋下一个缸,利用幼蟹会随着水流方向逆向爬行这一原理进行冲水,这样幼蟹就会爬入缸中,之后直接从缸中捞取即可。冲水捕捞法能最有效地节约劳动力,节省用工成本,提高幼蟹质量,提高养殖经济效益。

(2)主要技术措施:在蟹塘的进水口埋下一个缸,在白天对蟹塘进行排水,到下午4~5时开始进行冲水,幼蟹就会随着水流的方向逆向爬行,爬到埋下的缸中,到了晚上就可以直接从缸里捞蟹了,因为能够沿着水流逆向爬入缸中的蟹属于体力比较好、比较强壮的,而且采用捞取的方法不会对幼蟹造成任何伤害,这样就更保证了幼蟹的质量。

(3)技术应用效果:

①节约劳动成本。以前每一个劳动力一天只能捕捉幼蟹40~50千克,而用了此种冲水捕捞法之后每一个劳动力一天能够捕捞幼蟹400~500千克,提高了10倍的效率,按每一个劳动力一天工资150元、幼蟹的亩产量为125千克来计算,以前在捕捞幼蟹时每100亩在劳动力的工资上需花费4.2万元,而如今每100亩仅需花费0.42万元,也就是说每100亩节约了3.78万元左右的劳动成本,即相当于经济效益增加了3.78万元左右,这也是从另一方面大大降低了幼蟹的培育成本。

②提高幼蟹质量。因为通过这种方法捕捞出来的幼蟹几乎没有残肢且比较强壮,也没有泥浆水,看上去比较有活力,也正是因为幼蟹较强壮,因此在养殖成蟹的过程中成活率能提高5%~10%,相应也提高了成蟹养殖的经济效益。

2.堆置水花生草捕捞幼蟹

采用堆置水花生草的方法能又好又快地捕捉幼蟹(图3-6)。其方法为:在秋冬11月中下旬,幼蟹停止摄食,水花生草经霜打落叶时,将池中水花生草堆置成堆,使池中幼蟹进入草堆越冬。起捕时只要将网片从草堆下托起水草,将水草捞出,幼蟹就在网中。采用这种方法,第一次可起捕池中幼蟹的70%左右,第二次还可捕15%~25%。

图3-6　幼蟹捕捞

三 幼蟹的运输

幼蟹生命力比蟹苗强,爬行迅速,装箱要快而轻。幼蟹运输必须掌握低温(5~10摄氏度)、通气、潮湿和防止幼蟹活动4个关键节点。具体方法是先将待运幼蟹放在带盖的网箱内,使网箱放置的水域呈微流水状态,幼蟹在网箱中经4~6小时吊养,待其肠道粪便排空后,再将幼蟹放入浸湿的运输框内,蟹背向上,一般每箱装幼蟹15千克左右,然后扎紧,减少幼蟹的活动。在气温5~10摄氏度时运输,只要保持通气、潮湿的环境,6小时运输成活率均达95%以上。

第四节　稻蟹田的河蟹养殖

一　配套暂养池幼蟹投放

暂养池幼蟹投放数量要能够满足后期稻田养殖成蟹和暂养池养殖成蟹的需要,按照1亩暂养池满足4~5亩稻田的需要设计暂养池幼蟹的放养密度。

1.幼蟹来源和投放密度

由于气候、土壤条件的不同及运输等因素的影响,本地培育的蟹种其成活率、抗病性及生长能力都明显好于外购的蟹种,因此宜选择自己培育或本地培育的长江系蟹种,尽量不买外地的蟹种。尽量选择本地土池培育的长江水系中华绒螯蟹幼蟹,为保证幼蟹质量可自选亲本到沿海繁苗场跟踪繁殖,再带回内地自育自养。幼蟹选择长江水系的中华绒螯蟹,应来源于当地幼蟹培育基地。其所表现出的外部性状较为显著,背部疣状突起明显,最后一对清晰,额齿和缺刻深,第四步足前节长宽比为2:1。体色黄绿或青灰,有光泽,活力强,规格齐,体健壮,无缺损。亩放规格为120~200只/千克,暂养池亩放3 000~3 500只。

2.幼蟹投放时间

幼蟹放养时间宜在当年的11~12月底和翌年的2月底~4月初,以初春放养更为适宜,放养水温4~10摄氏度较适宜,应避开冰冻严寒期。

3.幼蟹放养方法

幼蟹放养时应先试水进行水温过渡,方法是第一次将装有幼蟹的网袋浸入池水中1分钟,再拎起放置3~5分钟,如此重复2~3次;然后用3%

的食盐水进行消毒,浸入盐水中2~3分钟,再拎起放置5~6分钟;最后在池水边打开袋口,让其自然爬入水中,尽量沿暂养池四周均匀散开。

4.幼蟹下塘后管理要点

当幼蟹下塘后,因气温、水温多变,放养的幼蟹极易发生应激性上岸、上草等现象,这不利于幼蟹蜕壳生长,直接影响到当年河蟹产量及养殖效益。幼蟹下塘后的养殖管理要点如下:

(1)减轻幼蟹应急。幼蟹下塘后,强化早晚巡塘观察,如果有上岸、上草的现象,要分析具体原因,适时加注新水,调节水位,可选用解毒碧水安(果酸类)解毒(如选用腐植酸钠产品,需等幼蟹下塘1周左右的时间),选用高能维生素C产品化水泼洒,或选用高能维生素C+复合乳酸菌拌饲料投喂5~7天,着力提升幼蟹食量,增强体质,减轻幼蟹下塘后的应激性危害程度。

(2)调水护草。幼蟹下塘后,根据蟹池水质、天气变化情况及水草长势,应做好水体培育管理,可选用酵母多肽+氨基酸+芽孢杆菌+藻种源等产品化水泼洒,有利于促进水草活力,稳定水质,防止浑水,抑制青苔滋生。保障下塘幼蟹的正常蜕壳生长。

(3)做好第一次蜕壳管理。下塘幼蟹经过精心饲养很快就会进入第一次蜕壳期。要及时投喂高蛋白颗粒饲料或新鲜杂鱼,并可拌饲料投喂乳汁钙3~4天,或泼洒葡萄糖离子钙1次,有利于河蟹钙吸收,减少河蟹蜕壳过程中"拉壳"现象的发生。

二 配套暂养池养殖

1.水质调节

从3月份投放暂养池水位0.5~0.6米开始,4月份后,随着气温上升,视水草长势,每10~15天注水1次,使水位上升10~15厘米;7~8月份保持水深1.5米,9~10月份保持水深1.2米。养殖过程中,只通过水泵加注新水,弥补水分蒸发和渗漏,暂养池不向外排水。

2.投饲管理

幼蟹进暂养池适应几天后即开始投喂。此时,池水温度虽低,一般在15摄氏度左右,但幼蟹暂养密度较大,又经过越冬对体内营养的消耗,应投喂一些优质饲料,适当添加人工养殖的螺蛳肉,每天于傍晚投喂1次。至5月份,水温基本稳定在22摄氏度以上,开始每日投喂2次,饵料以全价河蟹颗粒饲料为主,投饲量以吃饱、吃尽为原则,投喂方法做到定时、定质、定量、多点投喂。到后期,多投喂些淀粉类饵料,以积累体能。

前期3~4月份投喂配合饲料,蛋白质含量在30%~35%,投饲量占幼蟹群体重量的10%~15%;5~6月份以动物性饲料投喂为主,投饲量占蟹重的8%~10%;7月份以植物性饲料如南瓜、小麦、玉米为主,小鱼为辅,投饲量占蟹重的5%~10%(动物性饲料占其中的10%~15%);8~9月份,以颗粒饲料和螺蛳肉为主,辅以南瓜、小麦、玉米等,投饲量占蟹重的5%~8%。6~9月份投饲量根据天然饵料和天气情况可进行适当调整,确保河蟹吃饱、吃好。

3.暂养池河蟹养殖动态管理

从3月份至6月份暂养池河蟹密度为3 000~3 500只/亩,因此,水草管理、水质调节、饲料投喂等按照河蟹高密度的模式来管理。

7月份以后,大部分河蟹转入稻田养殖,暂养池的河蟹密度降低到400~500只/亩,之后的水草管理、水质调节、饲料投喂等按照养殖大规格精品蟹模式管理。

（三）河蟹与水稻茬口衔接

稻田养殖河蟹在20世纪90年代初期兴起的第一次稻田养鱼的浪潮

中就出现了,当时适宜河蟹养殖的池塘、中小型湖泊、河沟、地势平缓的中小型水库等水面资源非常丰富,水草资源和天然饵料资源也非常丰富,池塘等河蟹养殖处于绝对主导地位,稻田养殖河蟹一直处于试验示范阶段。

21世纪初期,河蟹等名特优水产品价格居高不下,养殖利润很高,稻田养殖河蟹得到迅速发展,形成了第二次稻田养鱼浪潮。由于河蟹养殖者片面追求经济效益,将稻田养蟹变成了"挖田养蟹",稻田里不见水稻只有河蟹在横行霸道,这也未能体现稻田养蟹模式的初衷。

第三次稻田养鱼浪潮起始于2010年前后,全国迅速出现了稻虾、稻鳖、稻蟹、稻鳅、稻鱼五大模式,稻蟹综合种养以辽宁的盘山模式最为成功,以养殖辽蟹为主。笔者在安徽省安庆市、芜湖市、宣城市、蚌埠市、马鞍山市、宿州市等地一直在进行试点试验,取得了初步的成功。稻田养殖长江水系河蟹与养殖辽蟹在技术环节上有很大不同,初期照搬、照抄北方稻蟹(辽蟹)模式均未取得成功,最关键的问题是没有解决好河蟹与水稻茬口衔接的问题。

利用稻田进行水稻河蟹综合种养必须配套暂养池,暂养池面积按照稻田20%比例配置,最好寻找距离近的池塘作为配套暂养池。河蟹成蟹养殖早期规格小,群体生物量不大,集中在暂养池养殖便于管理,以减轻劳动力的投入,最关键的是让河蟹前2次或3次蜕壳在暂养池完成更加科学合理,在6月份之前伊乐藻容易成为优势水草种群,不会死亡腐烂败坏水质,为河蟹在暂养池提供了良好的生态环境。水稻在稻田里完成插秧返青、有效分蘖,第一次烤田在6月底至7月中旬完成。第一次烤田结束后,稻田田面可以上水,水稻秸秆已经粗硬,河蟹此时从暂养池转入稻田非常适宜,河蟹不会摄食已经粗硬的水稻秸秆,只会摄食水稻秸秆根部新发的嫩芽和周边的杂草,这有利于水稻的发育和生长;同时,水稻茂密的秸秆在夏日高温季节为河蟹遮阴降温,有利于河蟹在夏季的生长(图3-7)。

图3-7　河蟹在稻丛中爬行

稻田养蟹中的水稻品种要选择生育期在150天以上的,以实现在河蟹捕捞销售以后再机械化收割水稻,避开机械收割水稻对河蟹造成的损失。因此说,科学合理地安排河蟹与水稻生产的茬口,就一定能够取得河蟹与水稻的双丰收,使稻蟹综合种养模式能够普及推广。

（四）稻田河蟹养殖

1.幼蟹从暂养池转入稻田

在水稻秧苗缓青、有效分蘖完成且第一次烤田结束后,用地笼捕捞配套暂养池中的幼蟹转入稻田养殖,幼蟹放养密度以400~500只/亩为宜。捕捞转移幼蟹的时间宜在傍晚或早晨,避开中午烈日高温。第一次烤田结束后,稻田进水要严格过滤,进水口必须用80目以上4米长的网袋过滤,以避免堵水并确保敌害生物的卵和幼苗不进入稻田,为河蟹在稻田生长期间构造一个没有敌害的生长空间。

若暂养池与稻田相邻,待秧苗移植且禾苗成活返青、有效分蘖完成、

第一次烤田结束后,可将暂养池与稻田之间堤埂挖通,并用微流水刺激,促进河蟹进入大田生长,这通常称为稻田二级养蟹法。利用此种方法可以有效地提高河蟹成活率,也能促进河蟹适应新的生态环境。

2.稻田养殖管理

(1)水质调节。养蟹稻田田面水深根据水稻秸秆的高度宜保持在20~40厘米,最低不低于10厘米。有换水条件的,每7~10天换水1次,并消毒调节环沟水质。具体方法:每次换水后使用0.1克/米³二溴海因或用15~20克/米³生石灰化水泼洒消毒水质,1周后使用生物制剂改良调节水质。但这一做法必须在晴天使用,连续阴雨天不能使用。在连续阴雨天、气压较低的情况下,可适时向水中泼洒生石灰调节水体酸碱度和泼洒增氧剂来增加水中溶氧。换水条件不好的,可以每15~20天消毒调节水质1次。7、8月份高温季节,水温较高,水质变化大,易发病,要经常测定水体的酸碱度、溶解氧、氨氮等,保证常换水、常加水,及时调节水质(图3-8)。

(2)科学投饵。科学投饵要做到定时、定质、定量、定点,投喂点设在田边浅水处,多点投喂,日投饵量占河蟹总重量的5%~10%,主要采用观

图3-8 稻蟹综合种养环沟水质调控

察投喂的方法,注意观察天气、水温、水质状况和河蟹摄食情况来灵活掌握投饵量。阴雨天,气压低,水中缺氧,在这样的情况下,尽量少投饵或不投饵。

投喂饵料的品种:养殖前期一般以投喂粗蛋白含量在30%以上的全价配合饲料为主,搭配投喂玉米、黄豆、豆粕等植物性饵料;养殖中期以玉米、黄豆、豆粕、水草等植物性饵料为主,搭配全价颗粒饲料,适当补充动物性饵料,做到荤素搭配、青精结合;养殖后期转入育肥的快速增重期,要多投喂动物性饲料和优质颗粒饲料,动物性饲料比例至少占50%,同时搭配投喂一些高粱、玉米等谷物。

(3)做好蜕壳期管理。

①每次蜕壳前,要投喂含有蜕壳素的配合饲料,力求蜕壳同步,同时增加动物性饵料的投喂量,动物性饵料要占投饵总量的50%以上,投喂的饵料要新鲜适口,投饵量要足,以避免残食软壳蟹。

②在河蟹蜕壳前5~7天,向稻田环沟内泼洒生石灰水5~10克/米³,以增加水中钙质。

③蜕壳期间,要保持水位稳定,一般不换水。

④投饵区和蜕壳区必须严格分开,严禁在蜕壳区投放饵料。

(4)日常管理。日常管理要做到勤观察、勤巡逻。每天都要观察河蟹的活动情况,特别是高温闷热和阴雨天气,更要注意水质变化情况、河蟹摄食情况、有无死蟹、堤埂有无漏洞、防逃设施有无破损等情况,发现问题,及时处理。

3.稻田配养螺蛳为河蟹提供动物性饵料

(1)稻田中放养螺蛳的作用:螺蛳是河蟹很重要的动物性饵料,螺蛳的价格较低,来源广泛,全国各地几乎所有的水域中都会自然生存大量的螺蛳。向稻田中投放螺蛳,一方面可以改善稻田底质、净化底质,另一

方面可以补充动物性饵料,具有明显降低养殖成本、增加产量、改善河蟹品质的作用,从而提高养殖户的经济效益(图3-9)。

图3-9　蟹池放养螺蛳

螺蛳不但稚嫩鲜美,而且营养丰富,利用率较高,是河蟹最喜食的理想优质鲜活动物性饵料。据测定,鲜螺蛳体中含干物质5.2%,干物质中含粗蛋白55.35%、灰分15.42%,其中含钙5.22%、磷0.42%、盐分4.56%,含有赖氨酸2.84%,蛋氨酸和胱氨酸2.33%,同时还含有丰富的维生素B族和矿物质等营养物质。此外,螺蛳壳中除含有少量蛋白质外,其矿物质含量高达88%,其中含钙37%、钠盐4%、磷0.3%,同时还含有多种微量元素。所以在饲养过程中,螺蛳既能为河蟹的整个生长过程提供源源不断的、适口的,富含活性蛋白和多种活性物质的天然饵料,可促进河蟹快速生长,提高成蟹上市规格。同时,螺蛳壳又与贝壳一样是矿物质饲料,能提供大量的钙质,对促进河蟹的蜕壳起到很大的辅助作用。

在稻田中进行稻蟹综合种养时,适时适量投放活的螺蛳,利用螺蛳自身繁殖力强、繁殖周期短的优势,任其在稻田里自然繁殖。在稻田里大量繁殖的螺蛳以浮游生物残体和细菌、腐屑等为食,因此能有效地降低稻田中浮游生物的含量,从而起到净化水质、维护水质清新的作用,在螺蛳和水草比较多的稻田环沟里,我们可以看到水质一般都比较清新、爽嫩,原因就在这里。

(2)螺蛳的选择:螺蛳可以在市场上直接购买,每年在养殖区里都会有专门贩卖螺蛳的商户。但是对于条件许可、劳动力充足的养殖户,我们建议最好是自己到沟渠、鱼塘里捕捞,既方便又节约资金,更重要的是,从市场上购买的螺蛳不新鲜且活动能力弱。

如果是购买螺蛳,要认真挑选,要注意选择优质的螺蛳,可以从以下几点来选择。首先,要选择螺色青淡、壳薄肉多、个体大、外形圆、螺壳无破损、靥片完整者。其次,要选择活力强的螺蛳,可以用手或其他东西来测试一下。如果受惊时螺体能快速收回壳中,同时靥片能有力地紧盖螺口,那么就是好的螺蛳;反之则不宜选购。第三,要选择健康的螺蛳,螺蛳又是虫病菌或病毒的携带和传播者,因此,保健养螺又是健康养殖河蟹的关键所在。螺体内最好没有蚂蟥(也就是水蛭)等寄生虫寄生,另外购买螺蛳,要避开血吸虫病易感染的地区。第四,选择的螺蛳壳要鲜嫩光洁,若壳坚硬则不利于后期河蟹摄食。第五,引进螺蛳不能在寒冷结冰天气,以避免冻伤死亡,要选择气温相对高的晴好天气。

(3)螺蛳的放养:螺蛳群体呈现出明显的母系氏族特征,雌螺在其中占绝大多数,占到75%~80%,雄螺仅占20%~25%。在生殖季节,受精卵在雌螺育儿囊中发育成仔螺产出。每年的4~5月份和9~10月份是螺蛳的生殖旺季。螺蛳是分批产卵型,产卵数量随环境和亲螺年龄而异,一般每胎为20~30个,多者为40~60个,一年可生150个以上,产后2~3个星期,仔螺重达0.025克时即开始摄食,经过一年饲养便可交配受精产卵,繁殖后代。根据生物学家的调查,繁殖的后代经过14~16个月的生长又能繁殖仔螺。因此,许多养殖户为了获得更多的小螺蛳,通常是在清明前每亩放养鲜活螺蛳200~300千克,以后根据需要逐步添加。

根据从近几年众多河蟹养殖效益非常好的养殖户那里得到的经验总结,我们建议还是分批放养螺蛳为好,可以分2次放养,总量在150~200千克/亩。

第一次放养是在3月份左右,投放螺蛳50~100千克/亩,量不宜太大,如果量大水质不易肥起来,就容易滋生青苔、泥皮等。投放螺蛳应以母螺蛳占多数为佳,一般雌性大而圆,雄性小而长,外形上主要从头部触角上加以区分,雌螺左、右两触角大小相同且向前伸展;雄螺的右触角较左触角粗而短,末端向内弯曲,其弯曲部分即为生殖器。

第二次放养是在清明前后,也就是在4~5月份,投放100千克/亩。有条件的养殖户最好放养仔螺蛳,这样更能净化水质,利于水草的生长。到了6~7月份螺蛳开始大量繁殖,仔螺蛳附着于稻田的水草上。仔螺蛳不但稚嫩鲜美,而且营养丰富,利用率很高,是河蟹最适口的饵料,正好适合河蟹生长旺期的需要。

五 捕捞暂养或销售

稻田养殖河蟹捕捞销售应抢占早期河蟹消费市场,发挥稻田浅水生态系统河蟹积温高适合早上市的优势,9月份可以根据河蟹的成熟度适量捕捞上市,中秋节和国庆节等为稻田河蟹销售的主要时期,应抓紧捕捞销售。稻田养成蟹的起捕主要靠在田边和水稻秸秆下用手捕捉,也可在稻田拐角处下桶捕捉。秋季河蟹性成熟后,在夜晚会大量爬上岸,此时即可根据市场的需要有选择地捕捉出售或集中到暂养池中暂养,这种收获方式可一直延续到水稻收割前,每天捕捉田中和环沟中的剩余河蟹,直到捕净为止。

第五节　稻蟹田的水稻种植

在稻蟹综合种养中,水稻的适宜栽种方式有两种:一种是人工插秧,另一种是机插秧。综合多年的经验和实际用工以及插秧时对河蟹的影响因素,人工插秧和机插秧均能满足稻蟹综合种养的需要。

一　秧苗培育与栽插

1.稻蟹田水稻品种选择

由于养蟹稻田一般只种一季稻,选择适宜的高产优质杂交稻品种或粳稻品种是非常重要的。水稻品种要选择分蘖能力较强、叶片开张角度小,根系发达、茎秆粗壮、抗病虫害、抗倒伏且耐肥性强的紧穗型且穗型偏大的高产优质杂交稻组合品种或粳稻品种,生育期一般以150天以上为宜,可以合理安排河蟹与水稻生产的茬口,即在水稻成熟收割前完成河蟹的捕捞销售,河蟹全部捕捞销售后开始收割水稻,这样水稻收割时完全可以采用机械化收割,并且不用担心会对河蟹造成伤害。

2.秧苗管理

俗话说:"秧好一半稻。"育秧的管理技巧:要稀播,前期干,中期湿,后期上水,培育带蘖秧苗,秧龄15~20天(机插秧)或秧龄30~40天(人工插秧),可根据品种生育期长短、秧苗长势而定。因此,秧苗管理要求管得细致,一般分四个阶段进行。

第一阶段是从播种至出苗时期。这段时间主要是做好大棚内的密封保温、保湿工作,保证出苗所需的水分和温度,要求将大棚内的温度控制在30摄氏度左右。如果温度超过35摄氏度就要及时打开大棚的塑料

薄膜,达到通风降温的目的。这一阶段水分控制是重点,如果发现苗床缺水就要及时补水,确保棚内的湿度达到要求。在这一阶段,如果苗床的底水未浇透或苗床有渗水,就会经常发生出苗前芽有干枯的现象。一旦发现苗床里的秧苗出齐后就要立即撤去地膜,以免发生烧苗现象。

第二阶段是从出苗开始到出现1.5叶期。在这个阶段,秧苗对低温的抵抗能力是比较强的,管理的重心是注意床土不能过湿,因为过湿的土壤会影响秧苗根的生长,因此在管理中要尽量少浇水;另外就是温度一定要控制好,适宜控制在20~25摄氏度,在高温晴天要及时打开大棚的塑料薄膜,通风降温。

当秧苗长到1叶1心时,要注意防治立枯病,可用立枯一次净或特效抗枯灵药剂,使用方法为每袋40克对水100~120千克,浇40平方米秧苗面积。如果播种后未进行药剂封闭除草,1叶1心期是使用敌稗乳油的最佳时期,用20%敌稗乳油对水40倍于晴天无露水时喷雾,用药量每亩1千克,施药后棚内温度控制在25摄氏度左右,半天内不要浇水,以提高药效。另外,这一阶段的管理工作还要防止苗枯现象或烧苗现象的发生。

第三阶段是从1.5叶到3叶期。这一阶段是秧苗的离乳期前后,也是立枯病和青枯病的易发生期,更是培育壮秧的关键时期,所以这一时期的管理工作千万不可放松。由于这一阶段秧苗的特点是对水分最不敏感,但是对低温抗性强,因此我们在管理时,都是将床土水分控制在一般旱田状态,平时保持床面干燥就可以了。只有当床土有干裂现象时才能浇水,这样做的目的是促进根系发达,生长健壮。棚内的温度可控制在20~25摄氏度,在遇到高温晴天时,要及时通风炼苗,防止秧苗徒长。

在这一阶段有一个最重要的管理工作不可忘记,就是要追一次离乳肥,每平方米苗床追施硫酸铵30克对水100倍喷浇,施后用清水冲洗1次,以免化肥烧叶。

第四阶段是从3叶期开始直到插秧。水稻采用机插秧时,要求培育带蘖壮秧,秧龄要短,适宜的抛植叶龄为3~4片叶,一般不要超过4.5片叶。这一时期的重点是做好水分管理工作,因为这一时期不仅秧苗本身的生长发育需要大量水分,而且随着气温的升高,蒸发量也大,培育床土也容易干燥,因此浇水要及时、充分,否则秧苗会干枯甚至死亡。由于临近插秧期,这时外部气温已经很高,基本上达到秧苗正常生长发育所需的温度条件,所以大棚内的温度宜控制在25摄氏度以内,在中午时全部掀开大棚的塑料薄膜,保持大通风,棚裙白天可以放下来,晚上外部温度在10摄氏度以上时可不盖棚裙。为了保证秧苗进入大田后的快速返青和生长,一定要在插秧前3~4天追一次"送嫁肥"。每平方米苗床施硫铵50~60克,对水100倍,然后用清水洗1次。还有一点需要注意的是,为了预防潜叶蝇,在插秧前用40%乐果乳液对水800倍在无露水时进行喷雾。插秧前,人工拔一遍大草。

3.培育矮壮秧苗

在进行稻蟹综合精准种养时,为了兼顾河蟹的生长发育和在稻田活动时对空间和光照的要求,我们在培育秧苗时,都是讲究控制秧苗高度。为了达到秧苗矮壮、增加分蘖和根系发达的目的,可适当应用化学调控的措施,如使用多效唑、烯效唑、ABT生根粉、壮秧剂等。

目前,育秧最常用的化学调控剂是多效唑。使用方法:①拌种,按每千克干谷种用多效唑2克的比例计算多效唑用量,加入适量水将多效唑调成糊状,然后将经过处理、催芽破胸露白的种子放入拌匀,稍干后即可播种;②浸种,先浸种消毒,然后按每千克水加入多效唑0.1克的比例配制成多效唑溶液,将种子放入该药液中浸10~12个小时后催芽,这种方式对稻蟹综合精准种养的育秧比较适宜;③喷施,种子未经多效唑处理的,应在秧苗的1叶1心期用0.02%~0.03%的多效唑药液喷施。

4.机械插秧

(1)机插秧时机的确定:要根据当地温度和秧龄确定,水稻机插秧时移栽秧龄要适宜,一般秧龄为15~20天,叶龄保持在2.7~3.5片叶,且要盘根较好。水稻机插秧前3~4天要进行平整移栽田,前1~2天还要排干水(稀泥田要提前3~4天),要求田面泥浆沉实,有利于插秧机作业。

(2)栽插密度:栽插密度要根据品种特性、秧苗秧质、土壤肥力、施肥水平、插秧期及产量水平等因素综合确定。在正常情况下,根据肥力情况、栽培水平、种植品种等来合理确定适宜栽培密度,做到合理密植。一般插秧规格为搞好机械调试,加强机手培训,规范田间操作技术。栽前对插秧机进行检修、调试,确保插秧机械及技术状况良好。通过对机手进行操作培训及插秧技术指导,规范田间插秧操作技术,提高插秧质量。

田间插秧应做到:插直、插浅、不重插、不漏插,尽量减少机械对秧苗的损伤。一般栽插规格为20厘米×30厘米,亩植窝数1.6万~1.8万,亩基本苗控制在2.5万~3.5万苗,对栽后基本苗不足的田块要及时补苗。

为了给河蟹提供充足的生长活动空间,我们还是建议调整插秧机的株行距,将插秧规格调整为20厘米×40厘米×20厘米,达到大垄双行的目的,便于河蟹在40厘米的宽行距内爬行自如,为水稻除草、除虫、疏松土壤,同时可不间断地为水稻施肥。

5.人工插秧

在稻蟹综合种养时,当然还可以实行人工秧苗移植,也就是我们常说的人工插秧。

(1)插秧时间确定:在进行稻蟹综合精准种养时,人工插秧的时间还是有讲究的,建议在5月上旬插秧(5月10日左右),最迟一定要在5月底全部插完,不插六月秧。具体的插秧时间还受到下面几点因素影响。一是根据水稻的安全出穗期来确定插秧时间,水稻安全出穗期间的温度在

25~30摄氏度较为适宜。只有保证出穗有适合的有效积温,才能保证安全成熟。资料表明,江淮一带每年以8月上旬出穗为宜。二是根据插秧时的温度来决定插秧时间,一般情况下水稻生长最低温度是14摄氏度,泥温13.7摄氏度,叶片生长温度是13摄氏度。三是要根据主栽品种生育期及所需的积温量来安排插秧时间,要保证有足够的营养生长期、中期的生殖期和后期有一定的灌浆结实期。

(2)人工插秧密度:插秧质量要求,垄正行直,浅插,不缺穴。合理的株行距不仅能使个体(单株)健壮生长,而且能促进群体最大发展,最终获得高产。可采取条栽与边行密植相结合,浅水栽插的方法,插秧密度与品种分蘖力强弱、地力、秧苗素质,以及水源等密切相关。分蘖力强的品种插秧时期早,土壤肥沃或施肥水平较高的稻田,秧苗健壮,移植密度以30厘米×35厘米为宜,每穴4~5棵秧苗,确保河蟹生活环境通风、透气性能好;对于肥力较低的稻田,移栽密度为25厘米×25厘米;对于肥力中等的稻田,移栽密度以30厘米×30厘米左右为宜。

(3)改革移栽方式:适时早插,大垄双行、合理密植。一般在日平均气温稳定于15摄氏度时,即可开始插秧。要求在5月底前完成插秧,做到早插快发。水稻栽插方法采用大垄双行、边行加密的栽插模式,即改常规模式30厘米行距为20厘米—40厘米—20厘米行距,利用环沟边的边行优势密插和插双穴,弥补因环沟工程占地而减少的穴数。在保证与常规插秧"一垄不少、一穴不缺"的前提下,靠边际优势保证充足的光照和通风条件,减少水稻病害发生,同时满足河蟹中后期正常生长对光照的需求。

二 水稻生长管理

1.科学施肥

大田肥料施用量和施肥方法要根据稻田表土层富集养分、下层养分较少的养分分布特点和秧苗扎根立苗慢、根系分布浅、分蘖稍迟、分蘖速度较慢、分蘖节位低、够苗时间较迟、苗峰较低等生育特点进行。我们在进行稻蟹综合种养时,稻田一般以施基肥和腐熟的农家肥为主,促进水稻稳定生长,保持中期不脱力、后期不早衰,群体易控制。在插秧前2~3天施用,采用有机肥和化肥配合施用的增产效果最佳,且兼有提高肥料利用率、培肥地力、改善稻米品质等作用,每亩可施农家肥300千克、尿素20千克、过磷酸钙20~25千克、硫酸钾5千克。如果是采用复合肥作基肥的每亩可施15~20千克。

放蟹后一般不施追肥,以免降低田中水体溶解氧,影响河蟹的正常生长。如果发现稻田脱肥,可少量追施尿素,采取勤施薄施方式,每亩不超过5千克,以达到促分蘖、多分蘖、早够苗的目的。原则是"减前增后,增大穗、粒肥用量",要求做到"前期轰得起(促进分蘖早生快发,及早够苗),中期控得住(减少无效分蘖数量,促进有效分蘖生长),后期稳得起(养根保叶促进灌浆)"。施肥的方法是先排浅田水,让蟹集中到环沟中再施肥,有助于肥料迅速沉积于底泥中并被田泥和禾苗吸收,随即加深田水到正常深度;也可采取少量多次、分片撒肥或根外施肥的方法。在水稻抽穗期间,要尽量增施钾肥,可增强抗病,防止倒伏,提高结实,成熟时秆青籽黄。禁用对河蟹有害的化肥,如氨水、碳酸氢铵等。

2.科学施药

稻田养蟹能有效地抑制杂草生长,河蟹摄食昆虫,降低病虫害,所以要尽量减少除草剂及农药的施用。如果确因稻田病害或蟹病严重需要用药时,应掌握以下几个关键:①科学诊断,对症下药;②选择高效低毒、低残留农药;③由于河蟹是甲壳类动物,对含磷类、菊酯类、拟菊酯类药物特别敏感,因此慎用敌百虫、甲胺磷等药物,禁用敌杀死等药物;④喷洒农药时,一般应加深田水,降低药物浓度,减少药害,也可放干田水再用药,待8小时后立即上水至正常水位;⑤粉剂药物应在早晨露水未干时喷施,水剂和乳剂药应在下午喷洒;⑥降水速度要缓,等蟹爬进环沟后再施药;⑦可采取分片、分批的用药方法,即先施稻田的一半,过2天再施另一半,同时尽量要避免农药直接落入水中,以保证河蟹的安全。

3.科学晒田

水稻在生长发育过程中的需水情况是在不断变化的,养蟹的水稻田,养蟹需水与水稻需水是主要矛盾。田间水量多,水层保持时间长,对蟹的生长是有利的,但对水稻生长却是不利的。农谚对水稻用水进行了科学的总结,那就是"浅水栽秧、深水活棵、薄水分蘖、脱水晒田、复水长粗、厚水抽穗、湿润灌浆、干干湿湿"。具体来说,就是当秧苗在分蘖前期,湿润或浅水干湿交替灌溉促进分蘖早生快发;到了分蘖后期,"够苗晒田",即当全田总苗数(主茎+分蘖)达到每亩15万~18万时排水晒田,如长势很旺或排水困难的田块,应在全田总苗数达到每亩12万~15万时开始排水晒田;到了稻穗分化至抽穗扬花时,可采取浅水灌溉促大穗;最后在灌浆结实期,可采用干干湿湿交替灌溉、养根保叶促灌浆的技术措施。

因此,有经验的老农常常会采用晒田的方法来抑制无效分蘖,这时的水位很浅,对于养殖河蟹是非常不利的,因此做好稻田的水位调控工作是非常有必要的。生产实践中我们总结出一条经验,那就是"平时水沿堤,晒田水位低,沟溜起作用,晒田不伤蟹"。

晒田前,要清理鱼沟、鱼溜,严防鱼沟里阻隔与淤塞。晒田总的要求

是轻晒或短期晒,晒田时,沟内水深保持在40~50厘米,使田块中间不陷脚,田边表土有裂缝和发白,以见水稻浮根泛白为适度。晒好田后,及时恢复原水位。尽可能不要晒得太久,以免河蟹缺食太久影响生长。

4.水稻病害预防

水稻的病害预防主要是做好稻瘟病、纹枯病、白叶枯病、细菌性条斑病及三化螟、稻纵卷叶螟、稻飞虱等病虫害的防治。特别要注意加强对三化螟的监测和防治,浸田用水的深度和时间要保证,尽量减低三化螟虫源。同时,防治螟虫要细致、彻底。所有的用药一定要用低毒、高效的生化药物,不得用相关部门禁用的药物,尤其是不得使用菊酯类、拟菊酯类、有机磷类药物,以免毒杀稻田里的河蟹。

对于稻田的虫害,可在稻田里设置太阳能杀虫灯,利用物理方法杀死害虫,同时这些落到稻田里的害虫也是河蟹的好饵料。

（三）水稻收割

稻蟹综合种养田水稻的收割时间应安排在河蟹大部分捕捞销售之后,稻田养殖河蟹主要面向中秋和国庆两节市场,河蟹在稻田浅水生态环境系统比池塘、湖泊等水体性腺成熟时间提前,正好可以实现错峰上市。稻蟹田栽种水稻品种选择的生育期一般在150天以上,正常的收割时间在中秋节和国庆节之后30~40天收割,因此,水稻收割与常规水稻田一样放水晒田至田面干裂后,收割机进入稻田正常收割。收割后的稻谷烘干储存或加工成蟹田米销售,以获取更高的收益。

（四）水稻收割后稻田管理

笔者总结推荐的稻蟹综合种养技术,稻田养蟹一定要配套暂养池,安排河蟹在稻田和水稻共生的时间段基本为90~100天,甚至更短,一般在7月中旬至10月上旬,水稻收割时间基本在11月底12月初,水稻收割后至秧苗栽插第一次烤田之间有7~8个月时间,这一时期河蟹不在稻田栖息活动,因此水稻收割后稻田的管理完全以水稻下一季的生产安排为主,可以一直晒田至翌年插秧之前,也可以安排种植一季紫云英以提升土壤的肥力。

第六节 河蟹病害的预防

对河蟹病害的防治,在整个养殖过程中,要始终坚持预防为主、治疗为辅的原则。预防方法:清淤和消毒;种植水草和移植螺蚬;苗种检疫和消毒;调控水质和改善底质。

常见的敌害有水蛇、青蛙、蟾蜍、水蜈蚣、老鼠、黄鳝、泥鳅、鸟等,应及时采取有效措施驱逐或诱灭,平时做好灭鼠工作,春、夏季需经常清除田内蛙卵、蝌蚪等。我们在宣城市宣州区发现,水鸟和麻雀都喜欢啄食刚蜕壳后的软壳蟹,因此一定要注意及时驱除。河蟹每隔一段时间需要蜕壳生长,在蜕壳或刚蜕壳时,最容易成为敌害的适口饵料。到了收获时期,由于田水排浅,河蟹有可能到处爬行,目标会更大,也易被鸟、兽捕食。对此,要加强田间管理,并及时驱捕敌害,有条件的可在田边设置一些彩条或稻草人,恐吓、驱赶水鸟。另外,当河蟹放养后,还要禁止家养鸭子下田沟,避免损失。采用生态防治方法,严格落实"以防为主、防重于治"的原则。每隔15天用生石灰10~15千克/亩溶水全沟泼洒,不但可起到防病、治病的目的,还有利于河蟹的蜕壳。在夏季高温季节,每隔15天,在饵料中添加多维素、钙片等药物以增强河蟹的免疫力。

一 河蟹的主要病害

1.河蟹病害与环境的关系

一般来说,河蟹发病除了与苗种体质相关外,和它所处的环境也有很大的关系。水环境是养殖生物和病原的共同生活空间,环境的好坏直接影响病害是否发生,下面主要分析各类环境与病害的关系。

(1)河蟹病害与物理环境的关系:水体物理环境主要有水温、光照、水色。河蟹的最适生长温度为18~30摄氏度,温度对细菌性及病毒性传染病的暴发影响较大,水温的突然变化容易导致河蟹出现感冒,造成大批量死亡,同时易使蓝藻大量繁殖。河蟹喜欢在光线较弱的环境下生存,光线太强,反而不适应,甚至可能造成大量死亡。

(2)河蟹病害与化学环境的关系:化学环境主要有溶解氧、酸碱度、氨氮、亚硝酸盐、硫化氢等,主要以溶氧作为好坏的重要标准。前期投喂过量的饲料,在高温期大量的伊乐藻开始发黄腐烂,造成底泥中氨氮、硫化氢、亚硝酸盐等有害物质迅速升高,导致池底发臭、有机质大量耗氧,使得溶解氧急剧下降、各种细菌滋生快,引起病害发生。

(3)河蟹病害与生物环境的关系:河蟹池中的水生生物主要有藻类、水草、浮游生物和各类菌群。藻相不平衡,造成蓝藻大量繁殖,败坏水质,产生蓝藻毒素,同时夜间耗氧大。菌相不平衡,造成有益菌失衡,有害菌大量滋生,引发病害。水草的长势情况直接影响水体溶解氧的高低。浮游生物对藻类有影响,进而影响水的透明度,影响水草的生长,同时产生有毒物质如氨氮、亚硝酸盐等。

2.河蟹主要病害

(1)病毒性疾病:最典型的是"颤抖病"。病蟹反应迟钝,行动迟缓,螯足的握力减弱,吃食减少以致不吃食,鳃排列不整齐,呈浅棕色,少数甚至呈黑色。症状为步足颤抖、环爪、爪着地,腹部离开地面,蟹体倒立。呈暴发趋势,死亡率很高,可达70%,甚至可导致全军覆没。该疾病流行期为4~10月份,高峰期为7~9月份。

(2)细菌性疾病:

① 肠炎病。肠炎病是养殖过程中的常见病,尤其是梅雨季节和高温季节。其主要原因是池水水质恶化,底质败坏,投喂的饵料不新鲜,投饵量过多,河蟹摄食后,体质变差,抗病力下降,食欲逐渐下降甚至不食,无力,肠道发炎,胃中无食物,中肠细无弹性,有浅黄色的黏液。

② 黑鳃病。鳃部变色,轻时左右鳃丝部分呈现暗灰色或黑色,严重时鳃丝全部变成黑色,病蟹活动迟缓,白天爬出水面匍匐不动,呼吸困难。轻者无逃避能力,重者几日或数小时内死亡。该病多发生在养殖后期,尤以规格大的易发生,危害大,9~10月份流行快、流行地区广,个体大的最易感染和死亡。

③ 腐壳病(又称甲壳溃疡病)。病蟹步足尖端破损,成黑色溃疡并腐烂,然后步足各节及背甲、胸板出现白色斑点并逐渐变成黑色溃疡,严重时甲壳被侵蚀成洞,可见肌肉或皮膜,导致死亡。该病是由于步足尖端受损伤感染病菌所致,一般会伴随其他细菌性疾病同时发生。

(3)寄生性疾病:典型的是固着类纤毛虫病,纤毛虫常固着生长在体表各部位,呈棕色、黄绿色或灰黑色绒毛状,病蟹体表污物较多,蟹体消瘦,行动迟缓。主要是聚缩虫、累枝虫、单缩虫、钟形虫等寄生虫引起的疾病。若水体温度适宜、饲料充足、寄生不严重,河蟹在蜕壳时会将寄生虫同时除去,但寄生严重时会造成河蟹死亡。

二 河蟹主要病害的预防措施

1.颤抖病

别名:抖抖病、抖肢病、环腿病等。

病因:由病毒和细菌(弧菌和嗜水气单胞菌等)引起。

病症:发病初期,表现为食欲下降,病蟹四肢尚能伸直。随后肌肉萎缩步足不能回伸,病蟹站立不稳,翻身困难,不能爬行,连续颤抖。

诊断:四肢僵硬,且不停颤抖者基本上为此病。

预防:彻底清塘并清除过多淤泥;加强养蟹池水质管理,定期使用改水素或底改调节水质;蟹塘须保持移植的水草覆盖面积在50%左右;定期使用河蟹多维增加河蟹的抗应激能力与免疫力。

治疗:外用水产用复合碘溶液泼洒1~2次,内服氟苯尼考或虾蟹康2~3次,河蟹多维3~5次,每天1次;发生该病时,如水质不良,须先使用底净或水宝改良水质,再施用消毒剂;治疗该病过程中禁止换水并注意适当降低投饵量。

2.肠炎病

病因:肠道损伤后由细菌感染引起。

症状:病蟹吃食减少,肠道发炎,切口无粪便,有时肝、肾、鳃亦会发生病变,有时则表现出胃溃疡,且口吐黄水。

诊断:根据病蟹摄食和肠道症状等进行判断。

预防:定期用大蒜素拌饵投喂。

治疗:用二溴海因、聚维酮碘或二氧化氯消毒水体,每天1次,连用2~3次;用喹诺酮、维生素C拌饵投喂,连用5~7天。

3.黑鳃病、黄鳃病、烂鳃病

别名:叹气病。

病因:由细菌引起,水质恶化是诱发该病的主要原因。

症状:初期病蟹部分鳃丝变暗褐色,后期全部变为黑色。病蟹行动迟缓,呼吸困难,出现叹气状。

诊断:鳃呈黑色,严重时发生腐烂现象。

预防:保持水质清新,养殖期经常加注新水;发病季节,每隔20~25天施用1次改水素调节水质,或施用底改素与氧包改善蟹池底部环境;定期用二溴海因、聚维酮碘或二氧化氯全池泼洒消毒杀菌,维持良好的水质;淤泥过多、发黑时,及时改良。

治疗:全池泼洒二溴海因、聚维酮碘或二氧化氯消毒水体,然后再使用底净或水宝加氧包1~2次。病情严重时,口服氟苯尼考或虾蟹康1~2次。

4.腐壳病

别名:甲壳溃疡病、褐斑病、锈病等。

病因:由分解几丁质的细菌如弧菌、假单胞菌、气单胞菌等引起。

症状:初期蟹壳出现白色或红棕色斑点,之后斑点的中部凹下,随着病情的发展,溃疡斑点扩大,互相连接成形状不规则的大斑,中心部较深,甲壳被侵袭成洞,可见肌肉或皮膜,步足与腹甲有溃疡斑。该病可导致河蟹死亡,并造成蜕壳不遂的症状。

诊断:如病蟹腹甲发现有黑褐色斑点,可初步判断为此病。

预防:在养殖河蟹的过程中应小心操作,尽量减少对河蟹的机械损伤;尽量减少重金属离子对水体的污染。

治疗:外用二溴海因0.2~0.3毫克/升,连用3天,或三氯异氰尿酸0.3~0.5毫克/升;同时内服虾蟹康或氟苯尼考+蟹用多维2~3次;治愈后注意使用改水素或底改素改良水质。

5.固着类纤毛虫病

别名:聚缩虫病。

病因:由聚缩虫、钟形虫、单缩虫及累枝虫等固着类纤毛虫寄生引起。

症状:固着类纤毛虫常寄生于河蟹的步足、背壳、额部、附肢及鳃等处,可见病蟹体表有许多绒状物及大量其他附着物,手摸病蟹体表和附肢有滑腻感。

诊断:外观可见绒毛状者,可初步判断为此病。

预防:保持合理的放养密度;经常更换新水,保持水质清新;在饲料中定期加入蜕壳素,促进蜕壳;每隔15~20天全池泼洒改水素或底改素1次。

治疗:第一天用二溴海因全池泼洒,第二天用纤虫净全池泼洒。水源条件较差及换水不方便的蟹池,应在1周后每隔半个月全池泼洒改水素1次,以改善池水环境。

◉ 第一节 主要养殖品种介绍

鲤,隶属于鲤形目、鲤科、鲤亚科、鲤属。鲤为淡水中下层鱼类,对生存环境适应性很强,栖息于水体底层,性情温和,生命力旺盛,既耐寒耐缺氧,又较耐盐碱,在小于7克/升的咸水中生长良好,最适宜含盐量为1~4克/升。最适宜的水温在20~32摄氏度,最适宜繁殖的水温为22~28摄氏度。最适宜生长的pH是7.5~8.5。

鲤鱼属杂食性鱼类,幼鱼主要摄食轮虫、甲壳类及小型无脊椎动物等。随着个体的增大,逐步摄食小型底栖无脊椎动物;成鱼主要摄食螺、蚌、蚬等软体动物和水生昆虫的幼虫、小鱼、虾等,也食一些丝状藻类、水草、植物碎屑和人工配合饲料。随着水温的升高而摄食量增大,进入生殖季节,停止摄食。繁殖后为摄食旺季,冬季摄食强度弱,甚至不摄食。

鲤在我国的养殖历史近4 000年,最早的文字记载可追溯至公元前475年范蠡所著的《养鱼经》。鲤生产性能优秀,首先,其食性为杂食性,饵料易获得;其次,鲤对生存环境变化的适应能力极强,对高温、低氧等恶劣环境的耐受性强;第三,鲤的繁殖能力极强,绝对怀卵量可为每千克

体重100~230克卵;最后,鲤的肉质鲜美,营养价值高。这些优势使得鲤成为我国重要的水产养殖品种之一,也成了稻田养鱼的主要养殖品种之一。据《2021中国渔业统计年鉴》统计,2020年我国鲤的养殖产量为289.67万吨。

鲫,隶属于鲤形目、鲤科、鲤亚科、鲫属。鲫在全国各地(除西部高原)广泛分布,栖息在湖泊、江河、河渠、沼泽中,尤以水草茂盛的浅水湖和池塘较多,繁殖能力极强,是一种适应性很强的鱼类,也是我国一种优良的养殖鱼类和经济鱼类。全国各地水域常年均有生产。鲫是杂食性鱼类,食性广、适应性强、繁殖力强、抗病力强、生长快、对水温要求不高,便于养殖,是我国重要的养殖性鱼类。鲫主要是以植物为食的杂食性鱼,喜群集而行,择食而居。肉质细嫩,营养价值很高,每百克肉含蛋白质13克、脂肪11克,并含有大量的钙、磷、铁等矿物质。鲫鱼药用价值极高,其性平味甘,入胃、肾,具有和中补虚、除羸、温胃进食、补中生气之功效。

考古资料表明,鲫在我国的养殖历史可追溯到东汉年间,距今已有2000余年。而关于鲫养殖的最早文字记载可追溯至1000年前的宋朝,此后,鲫被引入日本、欧洲等地,迅速成为世界上重要的水产养殖品种之一。自然条件下,鲫的体色、体形、鳍、眼睛等特征易出现变异。基于这些性状突变,研究人员已培育出300余种鲫新品种,包括观赏品种(即金鱼)和养殖品种。1983年,随着雌核发育诱导生产全雌银鲫技术的研发和成熟,使得异育银鲫迅速成为我国重要水产养殖品种之一(图4-1)。据《2021中国渔业统计年鉴》统计,2020年我国鲫的养殖产量已达274.85万吨。

图4-1　异育银鲫新品种"中科5号"

三　泥鳅

　　广义上,我国渔业生产者所说的泥鳅包括泥鳅和大鳞副泥鳅(图4-2)两个物种。泥鳅在分类学上隶属于鲤形目、鳅科、泥鳅属。泥鳅广泛分布于亚洲各地,中国、缅甸及日本等地均有较多分布。大鳞副泥鳅隶属于鲤形目、鳅科、副泥鳅属,是我国的地方性物种,是我国重要的小型经济鱼类之一,尤其在中国和韩国,市场需求量正在逐渐增加。泥鳅主要栖息于河流、沟渠及稻田等底质松软的水域。泥鳅具下位口,为底层鱼类,是典型的杂食性鱼类。体长5厘米以下的泥鳅主要摄食小型甲壳类和浮游生物,随着体长的增加,泥鳅逐渐转为偏植食性。泥鳅产微黏

图4-2　大鳞副泥鳅

性卵,一年多次产卵,一般产卵后20天可再次产卵。泥鳅卵径约为1.3毫米,一般受精后24小时左右孵化。泥鳅仔鱼表现出较高的生长速度,泥鳅在3月龄之后生长速度开始逐渐下降。

泥鳅的含肉率为65.954%,蛋白含量在17%左右,营养价值可观。但人们关注颇多的并非泥鳅的营养价值,而是其药用价值。有研究认为,泥鳅对肝炎、骨髓炎及其他炎症甚至癌症具有一定的医疗作用。泥鳅体内及黏液中先后提取出了凝集素、脱氨基神经氨酸多糖蛋白、抗菌缩氨酸、免疫多糖等具有医疗价值的活性物质,泥鳅蛋白水解产物具有很强的抗氧化能力,可清除机体内的自由基。

泥鳅和大鳞副泥鳅是一种淡水杂食性鱼类,在东亚地区是一种重要的经济品种,尤其是在中国、日本和韩国,其市场需求量一直很高。其外形和生态习性均非常相似,均是典型的气呼吸型鱼类,以后肠作为主要的辅助呼吸器官。泥鳅和大鳞副泥鳅独特的生理学结构,使得它们对低氧、高氨氮等恶劣环境的耐受性极强,因而非常适合高密度养殖。据《2021中国渔业统计年鉴》统计,2020年我国泥鳅(包括大鳞副泥鳅)的养殖产量已达36.74万吨。

（四）黄鳝

黄鳝,隶属于合鳃目、合鳃科、黄鳝属。黄鳝白天喜在多腐殖质淤泥中钻洞或在堤岸有水的石隙中穴居。白天很少活动,夜间出穴觅食。冬季与旱季时,会掘穴深至地下1~2米,数尾黄鳝共栖。黄鳝的鳃不发达,而借助口腔及喉腔的内壁表皮作为呼吸的辅助器官,能直接呼吸空气,在水中含氧量十分贫乏时也能生存。出水后,只要保持皮肤潮湿,数日内亦不会死亡。黄鳝多在夜间出外摄食,能捕食各种小动物,如昆虫及其幼虫,也能吞食蛙、蝌蚪和小鱼。黄鳝摄食多采用啜吸方式,每当感触到有小动物在其口边,即张口啜吸。是以各种小动物为食的杂食性鱼类,性贪,夏季摄食最为旺盛,耐饥,寒冷季节即使长期不进食也不至于死亡。

黄鳝肉嫩味鲜,营养价值甚高,每百克鱼肉中蛋白质含量在17.2~18.8克,脂肪0.9~1.2克,钙质38毫克,磷150毫克,铁1.6毫克;此外,还含有维生素B$_1$、维生素B$_2$、维生素PP、维生素C等多种维生素。黄鳝还具有一定的药用价值。据《本草纲目》记载,黄鳝有补血、补气、消炎、消毒、除风湿等功效。黄鳝肉性味甘、温,有补中益血、治虚损之功效,民间用以入药,可治疗虚劳咳嗽、湿热身痒、肠风痔漏、耳聋等症。黄鳝头煅灰,空腹温酒送服,能治妇女乳核硬痛。其骨入药,兼治臁疮,疗效颇显著。其血滴入耳中,能治慢性化脓性中耳炎;滴入鼻中可治鼻衄(鼻出血);特别是外用时能治口眼歪斜、颜面神经麻痹。由于经济价值较高,黄鳝历来一直是我国重要的特种水产养殖品种之一。据《2021中国渔业统计年鉴》统计,2020年我国黄鳝的养殖产量已达30.72万吨。

五 其他鱼类品种

除上述4种常见的稻田养殖鱼类外,还有其他一些鱼类可应用于稻田养殖。一般来说,稻田养鱼适宜的养殖鱼类品种应具备相应的生物学特性。首先,养殖品种应能适应稻田的浅水环境,能适应环境因子(如水温、溶解氧等)的剧烈变化且生长良好;其二,养殖品种能有效利用稻田中的天然饵料,即要求食性为杂食性或草食性;其三,养殖品种的人工繁殖技术成熟,苗种易获得;其四,养殖性能优良、性情温和、不擅逃逸、抗逆性强;最后,要具有一定的养殖效益,有较高的市场需求。

据此,除上述品种外,还有草鱼(图4-3)、罗非鱼类、胡子鲶、黄颡鱼(图4-4)等鱼类适宜稻田养殖。随着稻田养鱼技术模式的不断创新和完

图4-3　草鱼

图4-4　黄颡鱼新品种"黄优1号"

善,越来越多的鱼类成为稻田养殖品种,这也成了我国稻鱼综合种养的发展趋势。尽管如此,稻田养殖鱼类,目前仍然以鲤和鲫及其人工培育的新品种为主,如瓯江彩鲤、福瑞鲤、松浦镜鲤、异育银鲫等。

▶ 第二节　稻田养鱼的准备工作

一 科学选址

1.水源条件

要求水源充足、进排水便利。水产养殖的首要因素就是水,稻田养鱼区域要求具备充足的水源,可以满足整体养殖区域快速换水、补水的需求,建设时最好按照独立进排水设计排灌渠道,做到即排即灌,旱涝保收。水源充足但容易受涝灾的稻田或者无法排水的低洼地稻田不适宜开展稻田养鱼。

2.水质条件

要求水质良好,清洁无污染。开展稻田养鱼的稻田水质应符合《渔业水质标准》(GB 11607—1989),pH在6.5~8.5较为适宜,呈中性或者弱碱性。水中重金属和农药等污染物含量不得超过国家标准规定的最高限量,水体中无过多的悬浮物和漂浮物。

3.土壤条件

要求土壤保水能力强、土质肥沃。土壤的质地、结构和肥力都会影响稻鱼综合种养的效果,最好选择保水能力强、肥力高的壤土和黏土土质田块。砂土土质田块的保水和保肥能力均较差,肥料流失严重、土壤贫瘠、水体中饵料生物较少,因而养殖效果较差。

4.地势条件

要求地势适当,无洪涝灾害之忧,无塌方等地质灾害之险。选择用于稻田养鱼的田块,既要考虑水源充足,又要考虑雨水季节是否容易受到洪涝灾害,同时也不宜选择地质灾害频发的区域。

5.稻田条件

要求稻田尽可能集中连片、规模适中。开展稻田养鱼的田块应当尽量远离工业污染源,田块尽量规整、集中连片,面积适中,田间工程完备。此外,要求社会治安环境良好,不存在土地纠纷等问题,交通、水电、通信便利,便于投入品和产品的运输,还有利于将稻鱼综合种养与农村电商、农业休闲旅游等有机融合,促进一二三产有机融合。

二 稻田工程

开展综合种养的稻田基本田间工程通常包括加宽、加高和加固田埂,改造建设进排水系统,安装拦鱼防逃设施及搭建防暑遮阳棚等,还包括鱼沟、鱼溜建设。开展综合种养稻田的田间工程建设,在20世纪80年代之前主要是传统的"平板式"养鱼工程,而后逐渐发展为"沟池式""垄稻沟式""流水沟式"养鱼工程。近十年来,水产科技人员与渔(农)民在生产实践中运用自己的智慧将简单的"沟溜(凼)式"养鱼工程建设融入了现代稻鱼综合种养工程技术,将田埂、田块、拦鱼栅、鱼溜、鱼沟、排洪与进水系统等基础工程有机结合起来,在具体运用中与中低产田、冬水田改造、农田灌溉系统建设结合起来,与不同地区、不同气候、不同鱼类的稻田养殖及水稻育秧栽培、免耕等新技术有机结合起来。

一般性田间工程建设的特点:用土加高、加固、加宽田埂,开挖简易鱼沟、鱼溜,农户可利用农闲时节自行进行工程建设,投资少、见效快,但抗旱涝灾害的能力较差,需年年重复翻修,鱼产量较低,以生态养殖为主。

规范化长久性田间工程的特点:用条石、石板、水泥预制板或砖加固田埂、鱼溜和进出水口,田埂更高、更牢固,鱼沟宽深、鱼溜较大,沟溜占稻田总面积的8%~10%。这类工程只需每年开挖鱼沟,不需再修建田埂和鱼溜,抗旱涝灾害能力强,单产较高,经济效益显著,但工程建设标准也更高,投资相对较大。

1.加高、加固田埂

用于稻鱼综合种养的田块一般需要加高、加宽和加固田埂,其具有重要的作用和意义。首先,可增加稻田水深,保持较高水位,有利于所养殖鱼类的生存和生长;其次,有利于稻田蓄水和保水,提高稻田抗干旱能力;再次,有利于稻田抗涝,防止稻田漫水导致养殖鱼类逃逸;最后,可防止善跳跃或打洞的养殖鱼类逃逸,以避免经济损失。

　　田埂加高程度应依据养殖品种、排灌条件及综合种养方式的不同而调整。对于普通稻田来说,平原地区一般田埂需要高出田面50~60厘米;丘陵地区一般田埂需要高出田面80厘米以上。田埂的顶部宽度一般需要有35~50厘米,田埂高度越高,宽度则相应增加。对于追求产量和效益的规范化田间工程,田埂的加高、加宽要求则更高,高度要有1.0~1.2米,宽度要有0.8~1.0米。加固田埂时,要将泥土夯实,做到平整坚固、不渗水、不易垮塌。可在田埂边缘种植部分经济作物,如豆类、萝卜、辣椒等,既可提高土地利用率、增加经济收入,又可起到护坡的作用(图4-5)。

图4-5　在稻鳅田田埂上种植白萝卜

2.鱼沟、鱼溜(凼)的建设

　　开展综合种养的稻田最主要的田间工程建设就是开挖鱼沟、鱼溜,这是稻鱼工程核心部分,通过鱼沟、鱼溜的开挖和搭配,衍生出多种稻鱼综合种养工程模式,并适于各种鱼类品种的稻田养殖需要,从根本上推动稻鱼综合种养技术和养殖方法的快速发展,开发出一大批适合稻田养殖的水产名优新品种,为促进我国水产养殖事业和农村经济发展起到推动作用。水稻种植需要进行施肥、施用农药和排水晒田操作时,鱼沟、鱼溜可为稻田养殖鱼类提供集中暂养空间和避难场所。稻田水浅、水体环

境稳定性差,鱼沟、鱼溜中水较深,水温较恒定,在稻田水温急剧变化时,养殖鱼类可游进鱼沟、鱼溜中防寒避暑。排水捕鱼时,散布在田中的鱼类能逐步汇集于鱼沟、鱼溜中,有利于鱼的集中起捕和降低捕鱼劳动强度,减轻鱼体受损程度。

(1)鱼沟:又叫鱼道,是田块内连通鱼溜和稻田的鱼类运动通道。开挖鱼沟的宽度、深度和面积应根据养殖对象的习性、田水灌排难易程度,以及沟、溜之间面积配置等因素而定。常见的为深30~50厘米、宽30~45厘米。水源条件较差的田块或产量指标相对较高的田块,沟的深度、宽度应相应增大。实践证明,鱼沟面积一般占稻田面积的3%~5%为好,通过鱼沟边际适当密植等措施,稻谷产量不会减少,反而会因稻鱼共生作用而有一定的增产。

鱼沟开挖的形式一般要依田块的面积和形状而定(图4-6)。一般1亩以下的田块,沿田块的长轴在田块中央开挖一条鱼沟,再从进水口到排水口开挖一条鱼沟,两沟连接成"十"字形,若田块长轴和进、排水连线一致,则只开一条"一"字形沟即可;面积为2亩左右的稻田一般在田块中开挖"十"字形或"井"字形沟;3亩及3亩以上的田块开成"井"字形、"日"字形或"丰"字形沟。对于面积较大的田块,除上述纵横沟道外,还可以

图4-6 皖南山区养鱼稻田鱼沟

绕田四周开挖围沟。为防止造成塌埂和避免田鱼被盗,围沟需距田埂1米以上,围沟也要与纵横沟相连,使整个沟道在田内分布均匀,四通八达,鱼类能自由游动。

鱼沟开挖时间,大致分为插秧前和插秧后两个时段。第一个时段是插秧之前,进行整田耙平的同时开挖鱼沟,开沟完成后再栽插秧苗。其特点是操作方便,挖出的泥土容易抛撒整平,挖沟速度快、效率高、质量好;但缺点是在进行栽秧操作时,搅水起浆、人工挑秧、插秧等活动会对已开好的鱼沟造成较大影响,插秧后必须再进行清沟除泥,从而增加工作量。第二个时段是整田耙平后,插秧时预留好沟距,插秧完成后再行开挖,其优点是可以一次性完成,无须重复劳动,缺点是挖出的泥土需要人工运出稻田,较为费力。

(2)鱼溜:鱼溜又称为鱼凼、鱼坑等,主要作用是为鱼类提供栖息和避难场所,方形、长方形、圆形、椭圆形等形状均可。鱼溜开挖的位置一般多在田块的中央或某一角,两者均有利弊。前者有利于鱼类聚散、人为活动干涉较小,但不利于观察养殖鱼类活动和投喂饵料;后者利于观察和人工投喂,但不利于鱼类聚集、防逃难度增大。

鱼溜的面积应根据田块大小、水源条件及养殖鱼类的生物学特性灵活调整,且数量也可按需设置,一般情况下,鱼溜的面积可占田块总面积的3%~5%。鱼溜的深度也需要根据养殖需求而定,一般在0.6~1.2米,部分水源条件差、鱼类密度大的稻田,可增加到1.5~2.5米。鱼溜过浅,养殖鱼类活动空间受限,水温变化大,不利于养殖鱼类的生长和生存;鱼溜过深,工程量加大,也不利于稻田的整体利用。

鱼溜开挖的时间一般选择在水稻收割完成后的冬季农闲时间。此时的稻田中方便排水,作业方便,效率较高。挖出的泥土可用于加高、加固田埂,鱼溜开挖完成后要将四周夯实,避免垮塌,对要求较高的鱼溜还

可使用条石、水泥板等材料进行护坡。鱼溜与田面连接处,可建一条宽度为20~30厘米的子埂,并留足鱼类进出的缺口。子埂上可搭建遮阳棚或者种植藤蔓类经济作物,在高温季节起到遮阳降温的作用。

三 配套工程建设

1.进排水设施

稻田进排水设施的设计应根据稻田集雨面积、进排水沟距的规格灵活调控。一般成片稻田,上游具有稳定水源,进排水沟距应稍宽且排水渠宽于进水渠。进排水设施应独立于稻田之外,每块稻田之间互相不串联,进、排水渠也需相互分开。通常来说,稻田进排水系统应具备3个基本条件:

首先,养鱼稻田进、排水口应尽量设置在田块长边的对角线两侧,并且与鱼沟、鱼溜相通,以保证稻田中水流畅通、交换充分,不留水体交换死角。

其次,养鱼稻田进、排水设施数量和尺寸的配备应满足田块正常用水和快速排涝等需要。一般面积2亩以内的稻田设置1个排水口即可,面积1亩以内的稻田设置排水口宽度0.5~0.8米即可,面积1~2亩的稻田设置排水口宽度为1.0~2.0米;面积超过2亩的稻田应设置2个排水口,每个宽度在1.2米以上。排水口应略低于稻田田面的最低处,保证能将稻田中的水排干,排水口也需设置水位调节设施,以便根据水稻生长和鱼类养殖需求实时调整稻田水位。一般进水口宽度为0.4~0.8米,底面应高于稻田田面。此外,进水口还需设置过滤网,一般采用双层80~120目筛绢网。

最后,进、排水口的底面和两侧尽量铺设石板、水泥板或者砖块,垒砌牢固,避免水流长期冲刷导致渠道垮塌。

2.拦鱼设施

进排水口处必须安装好拦鱼设施,这是稻鱼综合种养必备的关键环节之一。根据材质和结构不同,拦鱼设施常见的有竹栅式和框架式两类。

(1)竹栅式拦网:竹栅是最为常见的拦鱼工具,特点是材料来源方便、成本低、制作方便。制作竹栅应选择当地材质坚硬的竹子,将竹子依所制竹栅高度劈成1.0~1.5厘米宽的竹条,再用结实耐磨的绳子编联成竹栅。其缝隙应根据所养鱼类的品种和规格调整,在养殖鱼类无法逃逸的前提下,缝隙越大越好,以免造成过水阻滞。竹栅安装时一般多为弧形,并且凸起面迎向水流,可提高竹栅抵抗水流冲击的机械强度。竹栅必须垂直安放,底部插入土层中20厘米以上,必要时还可在竹栅基部配备木桩等固定装置,避免水流冲倒竹栅,造成养殖鱼类逃逸。

(2)框架式拦网:一般是由金属、塑料或木材制作成长0.7~1.2米、宽0.4~0.7米的框架,内嵌网格材料用以拦鱼。稻鱼综合种养前期鱼体较小,框架可嵌以塑料窗纱。随着养殖过程中鱼体规格的增加,可更换网目大小适中的聚乙烯无结网片或金属筛片。其安装方式与竹栅基本类似,要求上端高出田埂30~40厘米,底部插入土层20厘米以上,必要时做好固定。

3.遮阳棚

稻田一般水位较浅,水温日变化幅度较大,部分地区在夏季高温季节,稻田中水温甚至能达到40摄氏度以上,尽管有鱼沟、鱼溜等栖息场所,但巨幅变化的水温也会影响养殖鱼类的正常生存和生长。因此,应结合当地的气候情况等条件,在鱼溜上适时搭建遮阳棚,起遮阳避暑、调节水温的作用。一般来说,遮阳面积应达到鱼溜面积的1/4~1/2。

4.防鸟装置

随着我国生态文明建设的持续推进,在稻田中觅食的鸟类也日渐增

多,这些鸟类会捕食人工养殖的鱼类,尤其在苗种阶段,危害更重。此外,鸟类也可能携带、传播病原微生物,增加养殖鱼类患病的风险。因此,稻鱼综合种养实践中,需要考虑设计防鸟装置(图4-7)。一般在稻田的平行两边田埂上每隔0.5米左右打1根水泥桩,两侧对称布桩,并拉上透明的细塑料线,这种设计既能防鸟又不会对鸟类造成伤害。

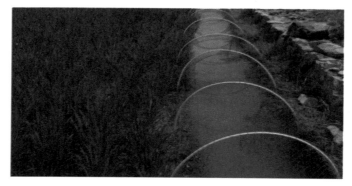

图4-7　稻鳅田中的防鸟装置

5.其他设施

开展稻鱼综合种养的稻田,根据实际规模、养殖品种等情况,还应按需配备水泵、推水机、发电机组、网箱、地笼、水质分析设备、饲料存储仓库等设施、设备,以保证养殖成功。

▶ 第三节　主要稻鱼种养模式

一　稻鳅模式

稻鳅共生模式是稻田养鱼中的一种典范,早在20世纪90年代我国就有尝试在稻田养殖泥鳅的先例,并取得了一定的收益。2013年湖北省进行了大规模的稻鳅共养,并取得了农产品和水产品的良好经济增收效益。稻鳅种养作为一种生态健康的发展模式,已成为现代综合种养的热点。要做好稻鳅共养,达到经济、生态、产业等多方面的共赢,就必须注意相关的养殖技术要点。现将其技术要点总结如下。

1.苗种放养

(1)放养密度和放养规格:鳅苗在插完稻秧之后放养,可以防止插秧时对田中鳅苗的扰动,造成苗种的逃逸并影响其成活率。放养规格在3~4克/尾的鳅苗,平均可放养约30万尾/公顷。同一田块应该选择规格一致的泥鳅苗种,以便于日后的管理。所放养的鳅苗,要求体表无伤无寄生虫、活动敏捷、体液丰富、色泽正常,要除去烂嘴烂头、白斑红斑、肚皮上翻和游动无力的泥鳅。鳅种的投放一般在秧苗移栽后10天,也可提前投入在环沟中隔开放养。鳅种要求规格大而齐,体质健壮,以当地收购的人工繁育鳅种为宜,大小如不一致要分池分块饲养。鳅苗要一次性放足且规格一致,避免因个体差异出现抢食现象,造成泥鳅产量下降。另外,可在环形沟内套养20尾鲢鳙鱼。苗种规格不能太小,这是由于泥鳅幼体在发育过程中要经历多次变态,到3厘米规格后,才发育完全。如果泥鳅苗规格太小,就会影响存活率。所以建议稻田养殖的泥鳅规格要大于3厘米。放养密度视鳅苗的规格、鳅池的条件和技术水平而定。鳅苗规格整齐,体质健壮,水源条件好,饲养水平高,可适当多放。鳅苗规格为3~4厘米,放养密度一般为15~20尾/米²;当规格达到5~6厘米,放养密度为10~15尾/米²;规格7~8厘米/尾的鳅苗,放养密度一般为每10尾/米²。放养控制总的原则是尽量降低存塘泥鳅养殖密度,建议根据市场行情,不断捕捞出售,养殖密度不超过1万~2万尾/亩。放养规格一般约为300尾/千克,放养密度为50千克/亩。

(2)苗种消毒:鳅苗在下池前要进行严格的鱼体消毒,杀灭鳅苗体表的病原生物,使泥鳅苗应激分泌大量黏液,这样下池后能防止池中病原生物的侵袭。放养时要注意将有病有伤的鳅苗捞出,防止被病菌感染,

并使病原扩散,污染水体,引发鱼病。鳅种入田前消毒一般都是用3%~5%的生理盐水或者8~10毫克/升的漂白粉溶液浸洗鳅苗10~15分钟,捞起后再用清水浸泡10分钟左右,以杀灭泥鳅体表的细菌、寄生虫,预防水霉病等。剔除受伤或体弱的种苗,可有效预防体表疾病的发生。浸泡时注意观察苗种的耐受情况,出现异常现象要及时减少浸泡时间,放养前用生石灰750千克/公顷制成石灰乳液,遍洒环沟进行消毒。

(3)苗种投放:在放养时间上要求做到"早插秧、早放养",一般在插秧后放养鳅种,单季稻放养时间宜在第一次除草后,双季稻放养时间宜在晚稻插秧后。一般在早稻、中稻田插秧或抛秧后15天左右,保持田面水深5厘米,水温差不超过3摄氏度。投苗一般选择在晴天的下午进行,避免阳光直射。操作时动作要轻,防止损伤鱼体。

2.日常管理

(1)投喂管理:晒田翻耕后,放苗前1周左右,在鱼凼底部施发酵粪肥等混合底肥。施肥后在日光下晒4~5天,然后蓄水20厘米。在鱼沟内铺厚度约20厘米的发酵畜禽粪与松土混合的有机肥,肥料上面覆盖稻草,然后再覆盖淤泥,这样既能大量繁育天然饵料生物,又能为泥鳅提供藏身场所。有机粪肥肥效慢、肥效长,对泥鳅无影响,还可减少日后施肥量。泥鳅为杂食性鱼类,在天然水域中以昆虫幼虫、水蚯蚓、底栖生物、小型甲壳类动物、植物碎屑、有机物质等为食。在稻田养殖泥鳅时,可以充分利用稻田里的天然饵料。但随着气温、水温的升高,泥鳅的活动量和摄食量逐渐增加,如果想要提高泥鳅产量,光靠天然饵料是不够的,还需要投喂人工饵料。饵料一般由鱼粉、豆饼粉、玉米粉、麦麸、米糠、畜禽加工下脚料等组成,当水温在25摄氏度以上时,动、植物饵料的组成比例为7:3;水温在25摄氏度以下时,动、植物饵料的组成比例为1:1。养殖宜采用动、植物饲料合理搭配的配合饵料为主。投喂配合饵料时,饵料中粗蛋白质含量应在30%以上。一般喂完植物性饵料后再喂动物性饵料,同时也可以将动、植物饵料与配合饵料混合在一起进行投喂。投喂的饵料应做到优质新鲜、营养丰富、易于消化吸收等。在水温25摄氏度以下时,饵料的日投量为鱼体重的1%,25~30摄氏度时为3%。分早晚2次投喂,时间在上午9~10时和下午5~6时。早晨喂全日量的30%~40%、傍晚喂60%~70%。观察泥鳅的吃食情况,以2小时内吃完为好。还要根据天气变化及水质条件酌情减量投喂。投喂地点选在鱼沟,做到定时、定位、定质、定量的"四定"原则。饵料投在环沟中设置的食台上,具体投喂量根据天气、温度、水质、泥鳅活动情况适时调整。为防止泥鳅过多依赖饵料,而减少对稻田害虫的摄食,日投喂量控制在1%~3%,按养殖前、中、后期逐步增加。

(2)水质管理:水质的好坏,对泥鳅的生长发育和水稻的种植至关重要,泥鳅虽然对环境的适应性较强,但是如果水质恶化严重,不仅影响泥鳅的生长,而且还会引发疾病。饲养泥鳅的水溶氧要保持在3毫克/升以上,pH保持在6.5~7.5,氨氮小于0.2毫克/升。根据需要追施经过发酵的有机肥,并加入少量的磷酸一铵。每半个月用微生物制剂全鱼沟遍洒1次。春季天气不稳定,导致水温变化较大,水质调控非常关键。随着天气渐暖,温度回升,要注意控制水位。早期保持浅水位,稻田水深保持6~10厘米,夏季高温保持水深20~30厘米,到后期10月份水温降低时露田。苗种放养后,稻田田面水深保持在5厘米以上,养殖中期,此时正是高温季节,每15~20天加1次新水,加深田水利于避暑,如泥鳅常游到水面"换气"或在水面游动表明要注入新水。养殖泥鳅时应定期加入新水,特别是在夏季高温时段,适当加新水可以起到调节水温的作用,避免泥鳅缺氧或晒死。但无须大量换水,因为大换水会引起泥鳅的剧烈游动互相擦伤,进而发生伤口感染发病死亡。

(3)巡田管理:每天早晚坚持巡视,观察沟内水色变化以及泥鳅吃食、活动和生长情况,及时捞取病死泥鳅,防止因其腐烂影响稻田水质、传染病害;根据剩饵情况调整下次投饵量。根据水稻生长情况,检查鱼沟及进、排水口防逃设施是否完好,一旦发现异常情况,及时采取应对措施。检查各项设施是否有损坏,特别在雨天要对进、排水孔及堤坝进行严格的检查。降雨量大时,将稻田内过量的水及时排出,以防泥鳅逃逸,且发现问题要及时处理。在日常巡查中,若发现泥鳅浮头、受惊或日出后仍不下沉,应加注新水并做好消毒工作。

化肥不能使用氨水和碳酸氢铵,否则会造成泥鳅中毒。养殖稻田施农药的最佳时间是在插秧前3~5天或插秧后5~7天。生产中稻田出现病虫害时,在给水稻治虫时选用高效、低毒农药,禁止使用毒杀芬、呋喃丹等。如防病除虫可使用氯虫苯甲酰胺,除草可使用吡嘧磺隆、噁草酮等。下雨前不要施农药。在喷洒农药前适当加深田水,以稀释落入水中的农药的浓度。施药时,喷嘴要斜向稻叶或朝上,尽量将药喷在稻叶上,这样既利于提高防治病虫效率,又可减少药物落入水中对泥鳅造成危害。由于是稻鳅共生养殖,在水稻用药时,必须考虑到不能对泥鳅造成伤害,还要保证泥鳅的食用安全性,凡是农业农村部规定的禁用渔药都绝对不能在稻田中使用。

3.病害防控

(1)疾病预防:对待病害的原则是"预防为主,治疗为辅",及时做好鳅病预防工作,发现患病后,要做到准确诊断、科学用药。可每隔半个月对稻田水体进行1次消毒,或在饵料中拌喂微生态制剂,增强泥鳅抗病能力。投喂泥鳅饵料坚持"四定"原则,不投喂过期、变质饲料。高温季节在光照较强的时候不要用地笼网具起捕泥鳅,杜绝气泡病的发生。定期使用生石灰或漂白粉对池水进行消毒,对于喂食的器具,也要进行消毒。食台每周要用10毫克/升的强氯精清洗1次。生产过程中所使用的工具也要每周消毒1次。泥鳅捕捞前15天应停用任何药物。在日常管理中,还要加强水质调控及投喂管理。

（2）合理用药:泥鳅常见的病害有赤鳍病、水霉病、气泡病、曲骨病、车轮虫病、舌杯虫病、农药中毒及其他生物敌害等,若发生病害,应对症下药。例如,泥鳅易患车轮虫病,患此病后摄食减少、离群独游,严重时虫体密布,若不及时治疗,轻则影响生长,重则引起死亡。该病的流行季节为5~8月份。为防危害苗种,防治车轮虫病和舌杯虫病可用0.7克/米³浓度硫酸铜溶液或其与硫酸亚铁组成的合剂（5:2）。肠炎病也是泥鳅的常见病,患肠炎病的泥鳅的肛门红肿,挤压有黄色黏液溢出,肠内无食物或后段肠有少量食物和消化废物,肠壁充血呈红色,严重时呈紫红色。患此种病的泥鳅常离群独游,动作迟缓、呆滞,体表无光泽,不摄食,最后沉入池底死亡。水温25~30摄氏度时是该病的发病高峰期,死亡率在90%以上。可采用大蒜素5克拌入4千克饵料中投喂,或每100千克泥鳅每天用干粉状的地锦草、马齿苋、辣蓼各500克、食盐200克,拌饲料投喂,都可起到防治作用。对患赤鳍病的泥鳅,可用双氧水或强氯精泼洒,严重时用2次,同时按饵料比重量0.3%在饵料中拌入氟苯尼考进行投喂5~7天。或全池泼洒杀菌红1次,隔天再施1次。对于三代虫,可用0.3克/米³浓度的晶体敌百虫进行防治。对于细菌性疾病如赤皮病、腐鳍病、烂尾病,用0.3毫克/升二氧化氯或0.8~1.0毫克/升漂白粉全池泼洒,结合用10毫克/升的土霉素浸泡消毒。对于水霉病,在苗种放养前用3%~4%食盐水浸泡5~10分钟。

4.捕捞上市

经过4~5个月的稻鳅管理,当泥鳅规格在100~120尾/千克,就可以捕捞上市了。在水稻收割前水温降至15摄氏度时,用地笼网结合进、排水刺激在沟中诱捕达到规格的泥鳅,小规格泥鳅可转入出水口暂养池继续

强化培育至上市规格。

8~9月份为成鳅捕获期,成鳅可用地笼法、诱捕法、冲水法、排干田中水法,把泥鳅集中到鱼沟、鱼溜中进行捕捉。在水稻收割后,分2次排水进行收捕。第一次排水仅让水稻田表面露出,田内大部分泥鳅随水流游进鱼沟,这时用手抄网进行捕捞。第一次排水后1~2天,再把鱼沟中的水排干,再用手抄网进行捕捞。养殖中可根据市场的需求捕大留小,分期、分批上市,9月中旬前用笼具捕捞后直接上市,或用网箱暂养囤存后上市,等到水稻收割后彻底干池集中,捕捉上市。捕捉时可以捕大留小,将小规格的泥鳅转入第二年的池塘养殖。

由于泥鳅具有钻土的习性,收获时捕捞比较困难。可以进行干塘捕捞,即先将稻田水放干,把泥鳅集中到预留的集鱼坑或排水沟中,然后用手抄网捕捞。对于少数钻入池泥内的泥鳅,可逐块检查捕捉。捕捞时间为10月下旬,基本上回捕率可达80%,其中60%可达商品规格,40%可放至池塘中作为大规格鳅种培养。利用泥鳅溯水习性进行注水诱捕,在进水区附近的集鱼坑内铺设网片,从进水口缓慢注水,待泥鳅聚集成群时缓慢收起网片捕捉泥鳅。地笼诱捕,将米糠、豆麸、鱼粉等混合料放在地笼内进行诱捕,可捕到池中部分泥鳅。将捕获的泥鳅放在流动的河水中暂养1~2天,让泥鳅排去粪便。此外,将捕获的泥鳅放在洁净的河水中暂养,可以消除泥土味,提高食用价值。

运输泥鳅有袋运法、筐运法、箱运法等,远距离运输一般采用尼龙袋充氧,运输途中要及时捞除死、伤鳅,撇除黏液,注意水温的变化,防止阳光直晒和大风久吹。到达目的地后,应逐渐使运输水温与放养池的水温接近,以防止泥鳅因温度剧变而死亡。

5.水稻种植

(1)水稻栽培:泥鳅田中种植的水稻,根据区域生态条件与市场需求,选择生长期适宜、耐肥力较强、秸秆粗壮抗倒伏强、抗病虫害强的优质丰产品种。养鳅稻田栽插的秧苗要求健壮、无病、返青快。插秧时间在5~6月份,合理安排机插密度和规格,采用中小苗浅水宽行密植。适当增加田边、沟边插秧密度,发挥边行优势,以提高水稻产量。水稻播前用草甘膦杀灭田间老草,分蘖后用选择性除草剂杀灭田间杂草,泥鳅入田后不再用除草剂。在6月上旬开始插秧,严格控制插秧密度,不得过密或过疏,最好采用中小苗潜水宽行种植模式。中苗株距为13厘米、行距为33厘米,每个种植穴种植4~5株苗,种植密度控制为7万株/公顷;小苗株距为11厘米、行距为30厘米,每个种植穴种植4~5株苗,种植密度控制为8.5万株/公顷。

(2)稻田除草施肥:水稻栽培技术按照当地现有的管理方法进行,施肥的原则应以基肥为主、追肥为辅,以有机肥为主、化肥为辅,且少量多次。施用量以基本满足水稻全生长期的需要为准。不施碳铵、磷铵等刺激性强的化肥,避免伤害泥鳅。移栽前要对秧苗施好出嫁肥,并普喷1次高效农药,做到壮秧带肥、带药下田。

插秧前15~20天,亩施腐熟的农家肥或商品有机肥500千克、45%复合肥30~40千克作为底肥,机械耕翻整匀。水稻孕穗期需要适当加深水位,保持15~20厘米水深。整地时,将稻田表面耙平,施加生石灰消毒,用量为40千克/亩。在秧苗返青之后,根据水稻生长情况追肥1次以促进分蘖,追肥以尿素为主,施加量为7.5千克/亩,在有效分蘖临界期前1个叶龄期,根据稻苗生长情况施加平衡肥,施加尿素量为2.5千克/亩。在7~8月份,可根据稻田秧苗生长情况适当追加1次促花肥,同时施加复合肥和尿素,复合肥用量为15千克/亩,尿素施加量为5千克/亩。

水稻直播前用磷肥和碳铵作为底肥,待水稻分蘖前期用尿素和氯化钾进行追肥2次,促进水稻早分蘖,每次追肥用量严加控制,每次每亩追

施尿素6千克以内、过磷酸钙7千克以内。泥鳅入田后,用泥鳅粪便与残余饲料供水稻生长所需,不再使用化肥,根据田中水质情况,适时按25千克/亩用量追施1次有机肥。水稻直播和分蘖时田间留薄水,分蘖结束后排干水烤田,控制无效分蘖。

(3)虫害防治:坚持"预防为主,防重于治"的原则。水稻生长期的病虫害防治宜以物理防治、农业防治和生物农药防治为主,采用性诱剂、杀虫灯、芽孢杆菌等杀虫。稻田中尽量避免使用农药,无法避免时应选用高效、低毒的农药,且要对着水稻的叶面进行喷施。可以定期在稻田中加入少量生石灰,对池水进行杀毒。稻纵卷叶螟、二化螟用生物农药苏云杆菌、乙基多杀菌素进行防治,稻飞虱用生物农药烯啶虫胺、吡蚜酮进行防治,纹枯病、稻曲病用生物农药纹曲宁和茶黄素进行防治,稻瘟病用生物农药三环唑进行防治。喷药时保持深水,禁用泥鳅敏感的杀虫剂,如毒杀酚、五氯酚钠、呋喃丹、敌百虫及菊酯类等。病虫害防治用诱虫灯(图4-8)、色光板等诱杀装置。减少鳞翅目、同翅目害虫的基数,在水稻移栽后,每30亩悬挂1盏杀虫灯,每亩悬挂粘虫板300张。采用人工方法拔除大田杂草。

图4-8　诱虫灯

二 稻鱼模式

生产实践证明,利用稻田养鱼可以使水稻增产,还可额外地获得鱼产品,节省了化肥、农药方面的费用,经济效益非常可观。鲤、鲫具有生长速度快、适应性强、肉质鲜嫩、耐长途运输等优点,适用于在稻田养殖。

1. 苗种放养

(1)苗种选择:鲤是杂食性鱼类,喜掘食,有利于水稻生长。且鲤苗种易得、易成活、易销售,养殖风险较低;稻田养殖种类一般主选受当地群众喜食的当地鲤品种。投放鱼种应无病、无伤、体质健壮,符合有关国家标准、行业标准、地方标准。稻田放养大规格鱼种是养成商品鱼的前提条件,要求选用有资质的原良种场的优质苗种,挑选规格一致、体质健壮、无病无伤、体表色泽光亮、鳍条鳞片完整无损伤、游泳活泼、生长快、抗病力强、成活率高的优质鱼种放养。稻田培育大规格鲤苗种一般选择投放50克左右的鱼种。放养的品种可选择丰鲤、散鳞镜鲤、杂交鲤等。放养的名优鲫鱼可选择彭泽鲫、异育银鲫、高背鲫、方正银鲫等品种。也可以鲫为主养鱼类,适当搭配草、鲢、鳙等鱼类。放养的苗种一般选择夏花鱼种,如放养规格为50克左右的鲫鱼夏花鱼种400尾,可搭配放养规格为3厘米的草鱼夏花鱼种100尾,规格为3厘米的鲢、鳙鱼夏花鱼种30尾。

(2)放养规格和密度:放养鱼种需根据鱼种的规格、水稻的季节、养殖周期、品种、市场需求等不同而异。如果是当年放养、当年起捕上市的,则要以培育大规格鱼种为主;若是次年再养成上市销售的,选用规格在3~5厘米的夏花即可。放养夏花鱼种成本低,但养殖周期较长。夏花鱼种的放养密度为300~600尾/亩。春片鱼种规格以50~100克为宜,放养密度为50~100尾/亩。名优鲫鱼苗种一般在稻田插秧1周后放养。

放养量和投喂关系密切,如采用配合饲料、米糠、麦麸、豆渣、酒糟等精养,则每亩放1~2寸鱼种2 000~3 000尾;如不投饵饲养,则每亩投放500尾左右。养成鱼须投放隔年大规格鱼种,一般尾重30克以上。亩净产60千克成鱼的稻田,放养上述规格的鱼种15千克;亩净产80千克以上成鱼的稻田,放养上述规格鱼种17~20千克;亩净产成鱼100千克以上成鱼的稻田,放养上述规格鱼种25千克。同时,可套养当年夏花鱼苗,规格3~4厘米,放养量为每亩100~200尾。具体可根据工程标准、水质环境、排灌条件、管理水平等灵活掌握放养规格与密度。

(3)苗种消毒:在鱼类放养前7~10天应进行鱼沟消毒。由于稻田已经过一冬曝晒,所以只需在放鱼前1周左右,在鱼沟中泼洒石灰浆水或漂白粉消毒即可。需要注意的是,两者酸碱度不一样,不能混合使用。待毒性消失后,可放养鱼种,用3%~5%食盐水或10毫克/升高锰酸钾溶液等药物浸泡鱼种10~20分钟。浸洗时应注意鱼种活动情况,避免造成鱼种死亡。放养时要细致、快速、不伤鱼体。在养殖过程中,一旦有鱼患病,就要及时进行隔离治疗,并及时更换稻田中的水,采取相应的消毒措施。

(4)苗种投放:养鱼的稻田应早放水、早整田、早插秧、早放苗种。鱼种放养时间因稻作季节和鱼种规格稍有区别,早、中稻田放养水花或夏花,可在整田或插秧后放养;如果放养10厘米以上鱼种,须在秧苗返青后,主要是避免鱼种活动造成浮秧。晚稻田养鱼,只要耙田后都可以投放鱼种。

放鱼时要注意水温差,即运输鱼的水温和稻田的水温差距不能大于3摄氏度,否则容易死亡。夏花放养在每年的5月中下旬,鱼种放养在每年年底或第二年春季都可,最佳季节为晚秋或初冬。夏花装运到田边先把氧气袋浮于水面,过15分钟后把田水慢慢放入袋内,使袋内的水与田水慢慢混合,降低袋内苗种应激反应,每袋混合时间在1分钟以上,能明显提高鱼苗成活率。放苗应选在晴天的早晨或傍晚进行,切忌在晴天晌午或雨天放苗。

放养数量根据稻田条件饵肥多少和管理水平等具体情况适当增减。插秧前将鱼种集中投放在排水沟中,待20天左右,秧苗返青、长势良好后再放入大田,避免鱼种伤害秧苗,降低返青率。

2. 投喂管理

稻田中的浮游生物、水稻害虫等可为稻田中所养殖的鱼类提供一定的天然饵料。但稻田自然生物资源有限,无法为鱼类提供充足饵料,必须通过投喂饲料以满足其生长发育要求。投喂时坚持"四定"原则,并根据水温、水质、天气适当增减投喂量。一般鱼苗放养后1周内,可靠田内的天然饵料饲养;1周后,天然饵料不足时,即应补投蛋白质含量为28%~35%的全价人工配合饲料,日投喂量为鱼总重的3%~5%,投喂颗粒饲料的粒径随鱼生长而加以调整,每隔10天调整1次日投喂量。

可采用"两段法"投喂饲料。前期以米糠、菜籽饼、麸皮等农家饲料为主,搭配适量的水草、瓜菜叶等青饲料;中、后期加强培育,以投喂全价配合颗粒饲料为主。每天投喂2次,上午7时1次、下午5时1次,生长旺季可中间加喂1次。饲料的质量要求为新鲜、适口性好,要注意不可投喂腐烂、变质的饲料,饲料的投喂量以投放后2个小时吃完为宜,并且要根据水的颜色以及鱼的活动情况灵活掌握。

鱼种、夏花放塘后选择一固定地点开始人工驯化投食,每次1个小时左右,日驯3~4次,直至集群上浮抢食,然后在该处搭设1~2个食台。刚开始投喂时,到食台的鱼少,要适量投喂,节奏慢一些;随着到食台的鱼数量的增加,逐渐加快投饵节奏,加大投喂量;后期,随着部分鱼吃饱离开食台,再逐渐减慢投饵节奏,投喂量也随之减少。

投喂量根据鱼的规格大小、数量多少灵活而定。水温为21~28摄氏度时,日投喂量为存鱼总重量的3.5%左右;水温为16~20摄氏度时,为存

鱼总重量的 2%~3%；水温大于 30 摄氏度或 10~15 摄氏度时，为存鱼总重量的 2.5% 左右。当水温在 21~28 摄氏度时，日投喂 3 次，其他水温为 1~2 次。晴天，水深，可多投喂；阴天，闷热水浅，要少投喂。投喂的饵料很快吃完，第二天可适当增加投喂量；鱼吃食不快，甚至还有饵料残余，应适当减少投喂量。

3. 日常管理

每天要坚持早、晚巡田，观察鱼类摄食是否正常，是否有浮头，发现稻田中有蛙卵、水蜈蚣等应及时用纱网捞除。并仔细检查田埂有无漏洞，拦鱼栅有否堵塞、松动。经常疏通鱼沟，检修拦鱼栅，防止漏水和溢水逃鱼，特别是大雨天要及时排水，注意清除堵塞网栅的杂物，保持排水畅通；发现田埂上的鼠洞时，应随时堵塞。并在可能的情况下，尽量加深水位，以照顾鱼类的需要。高温季节加灌新水，有死鱼时捞出并深埋，记录水温、摄食、溶氧、成活率、死鱼及病害情况。一般透明度要控制在 20~25 厘米为宜，在高温季节要控制在 30~40 厘米，以提高水中的溶氧量，利于鱼的呼吸及生长。

4. 病害防治

（1）疾病预防：鲤鱼、鲫鱼在高密度养殖时易发生病害，因此应科学做好鱼病防治工作，坚持"预防为主，防治结合"的原则。

鱼种投放前要做好大田及环沟消毒工作，每月每亩用生石灰 10~20 千克化水泼洒对鱼沟消毒 1 次，以预防鱼病。用药时要选用无毒、高效的药物，如生石灰、强氯精、二氧化氯等。可在鱼种投放前 1 个月，每亩施茶粕 60 千克，杀死水蜈蚣。在投放鱼苗前半个月，每亩施生石灰 20 千克，能杀死全部虎纹蛙蝌蚪。在苗种放养半个月后可用生石灰水全田泼洒，进行消毒。

在鱼病的流行季节，可以每半个月按照每亩每米水深用生石灰 15~20 千克或用漂白粉来消毒。食台也要每隔 1~2 周消毒 1 次。在整个养殖期间,环沟水应定期进行水体消毒,一般放苗1个月后消毒1次,以后每半个月消毒1次。养殖后期水质过浓时,可泼洒络合铜抑藻杀菌,泼药6小时后加注1次新水。

在养殖过程中,每隔20天使用1次"三黄"药饵(大黄、黄芩、黄柏三者的比例为5∶3∶2,浓度按每千克鱼体质量用药4克计算)拌饲投喂,连用3天。

在高温季节,每半个月在鱼凼、鱼沟中用生石灰(20克/米^3)或漂白粉(1克/米^3)泼洒1次,每月用晶体敌百虫(0.5克/米^3)泼洒1次,还可用土霉素(50千克饲料用药25克)等加工成药饵随饲料一起投喂,以预防鱼病。

(2)疾病治疗:稻田易生长青泥苔、甲藻、水网藻、蓝藻等藻类。蓝藻等藻类含有大量的胶质膜,鱼类误食后不能消化,并且藻类死亡后,易分解产生羟胺、硫化氢等毒物,使养殖鱼类中毒。藻类生长时,吸收水中营养,影响饵料生物的繁殖,还能减少鱼类的活动空间,导致鱼生长慢,甚至患病死亡。

鱼生长期间,发现藻害时,可按照每1 000米^{3}水用硫酸铜700克,将硫酸铜溶于水后向鱼沟泼洒,能杀死藻类。当鱼类活动、觅食时,极易被这些藻类缠绕并寄生在伤口上而形成白粉病。患上白粉病可用新鲜的枫树叶小枝捆成每捆5千克,每亩用量25~30千克,均匀投入鱼沟里,并使枫叶全部沉入水中,同时,每1 000米^{3}水用硫酸铜370克、硫酸亚铁145克,全池泼洒。饲养期间定期泼洒药物、投喂药饵,一般每间隔15~20天全池泼洒氯制剂1次。鱼病高发季节,每15天用出血宁、五黄粉等药物拌饵或制成药饵投喂,用量一般为投饵量的0.5%左右。鱼病流行季节,每20天用溴氯海因药剂进行水体消毒1次;每20天投喂药饵1次(如肠炎灵、三黄粉等),连喂3~4天;每个月用敌百虫杀灭寄生虫1次。发生鱼病应及时治疗,对症用药。对于细菌性烂鳃病,用生石灰20克/米^3,或枫树叶20千克/亩;对于赤皮病,用漂白粉1克/米^3,或磺胺嘧啶内服1克/10

千克鱼;对于细菌性肠炎,用漂白粉1克/米³,或每30千克鱼用大蒜头0.5千克加食盐0.2千克。另外,寄生虫病常见于鱼类当中,对于车轮虫,用硫酸铜和硫酸亚铁合剂(5:2)泼洒;对于指环虫、鱼鲺和锚头鳋,用晶体敌百虫(含量90%)全池泼洒。

5.成鱼捕捞

稻田养鱼捕捞的时间在8月下旬稻田放水时。首先将鱼沟疏通,然后缓慢放水,待鱼集中到鱼沟后再用网将鱼捕出。对于准备越冬的鱼,要尽快地运往越冬池,在运输前要先将鱼放入清水网箱中,待清理出鳃内的污泥后再将伤、病鱼以及死鱼清理干净之后运输至越冬池进行投放。捕鱼时,首先要缓慢地从排水口放水,让鱼随水流游到鱼沟或者鱼凼里,然后用鱼网捕起,放在鱼篓或者木桶里。达到上市规格的鱼即可上市,未达到上市规格的鱼可暂时留在鱼凼或者水池中,留到第二年放养。大片直沟模式下,因鱼沟深大、水域宽敞,在晒田时,可在夜间缓慢退水,将鱼种集中到鱼沟中继续养殖,待秋收结束后、水温较低时再起捕鱼种并转入越冬水域。小片"一"字沟和"L"形鱼沟,因鱼沟浅小,加上一个生长季节田水的冲刷,已不适合鱼类长时间生存,所以晒田时,待鱼种撤入鱼沟后,就要及时起捕,并转入网箱中,经清水吊养后,再转入其他水域进行养殖和越冬。

6.水稻种植

(1)水稻栽培:水稻种养选用叶片开张角度小、茎秆坚硬、耐肥力强、抗倒伏、抗病害且高产的中晚熟紧穗型的品种,育苗及插秧尽量提前,以便尽早把鱼种放入稻田,增加有效生长期。为防止鱼觅食时冲撞植株,采取宽窄型密株移植方式,宽行扦插间距为40厘米×20厘米,窄行扦插间距为25厘米×20厘米,每亩栽培0.9万~1.0万株。利用边行优势,适当增加埂侧沟旁栽插密度,以保证水稻增产增收,每亩总兜数约2.5万丛,宽窄行通风透光好,有利于鱼稻生长,获得双丰收。

(2)水位管理:水稻是一种沼泽植物,但其根不是水生根。为满足稻根对氧气的要求,在水稻生长期间需调节灌水深度及时间。

植株分蘖期宜浅灌,以利水稻生根分蘖;当分蘖达一定数量时,应排干田水和晒田,控制其继续分蘖;在伸长期和孕穗期均需较大水量。浅灌期鱼种尚小,晒田时鱼类可在沟溜内栖息;随着鱼体长大,田水也在逐步加深。因此,只要不是饲养较大的鱼,稻鱼矛盾不是很大。在整个生产期间,因稻田用肥、鱼类排泄等原因,水质通常偏肥,要注意保持水质清新,透明度在30厘米左右。养殖期间应该及时调节水位,保证水质达到肥、活、嫩、爽。根据水稻不同生长阶段的特点,调节田面的水深。禾苗返青期,水淹过田面4~5厘米,浅水能促使秧苗扎根、返青、发根和分蘖;分蘖期,水位淹过田面2厘米,利于提高泥温分蘖,防杂草和夏旱;分蘖末期,沟内保持大半沟水,提高上株率;孕穗期,需要大量水分,田面水逐渐加深到15~18厘米,利于水稻含苞;抽穗扬花期到成熟时,降低田面水位,一般应保持水深12厘米左右,利于养根护叶;收获期,保持水位在田面以上4~5厘米,以利于鱼类觅食活动。高温季节隔8~10天换注1次新水,每次换水量为1/5~1/4,具体应视田内水质情况灵活决定其换水次数及换水量。若水温差不超过5摄氏度,一般先排水再进水。在每次换水前不要忽视对水源、水质的观察和监测,如果发现异常,暂停换水。在排灌和晒田的过程中要考虑到鱼类的需求,做到晒田不晒鱼,提前将稻田中的鱼进行转移,以保证其正常的生长。

(3)稻田施肥:稻田养鱼时,为了促进水稻的生长,施肥是十分必要的,但是施肥会对鱼产生一定的影响。因此,在施肥时为了减少施肥对鱼的威胁,可以将一块稻田分成两部分进行施肥,并且以施用有机肥为主、化肥为辅,尽量减少施用无机肥的量,并且要做到重施基肥、轻施追肥。

如果使用无机肥，一般要求氮、磷比例为(1~2):1。要确保肥料的合理利用，以有效提高水稻产量，利于水中生物的培养，从而为鱼提供更多的食物。稻田放鱼前，基肥要占总肥量的80%以上，其中腐熟有机肥料要在75%以上，这对水稻和鱼的生长都很重要。

稻田追肥一般都用化肥，主要使用的是尿素、硝酸铵、过磷酸钙、氯化钾等，不宜使用氨水和碳酸氢铵。在施肥的同时还要适当加深田水。施用化肥的数量也要合理，通常是以少量多次为宜。

施用化肥时，每亩用量应控制在7.5~10千克，在施肥的同时还要适当加深田水。一般情况下，每亩施用硫酸铵6~7千克、尿素4.5~5千克、过磷酸钙4~5千克。进行水稻追肥时，要将稻田内的水排出，且确保鱼类在鱼坑、鱼沟中才能进行施肥，当化肥被土壤吸收完全后，再将稻田内的水量补给到原有的水位线。

(4)水稻病虫害的防治：以生态防治为主，优先采用农业措施，可选择抗虫水稻、非化学药剂或人工除草等绿色生态的防治措施，实施生态种植。对于水稻病害如纹枯病、稻瘟病、稻曲病等常发病害以预防为主；稻类若有稻飞虱、稻纵卷叶螟、纹枯病、稻瘟病等病虫害，可选用杀虫不毒鱼、蓝北斗、苦参碱、藜芦碱、井冈霉素、噻菌铜等高效、低毒农药进行防治，既能防病杀虫，又不伤害养殖鱼类。7、8月份是水稻易生虫害的时期，需密切关注，使用生石灰、二氧化氯、茶籽饼和高锰酸钾等进行水体消毒。多数农药对鱼有毒，因此要选用低毒性农药，按常规用量对鱼是安全的。施农药前先疏通鱼沟、鱼溜，加深田水水位或造成田水微流状态，以便于鱼类回避和降低田水药物浓度。在喷洒农药时，还要对剂量进行严格把关，一块稻田农药喷洒应最少分2次，并且在喷洒过程中，尽可能避免农药与水面直接接触。粉剂农药在清晨露水未干时施用，乳(油)剂农药在傍晚喷施。若发现中毒死鱼现象，应立即停止施药，并及时加入新水采取其他补救措施。喷药时喷嘴向上喷洒,横扫水稻茎叶,尽量将药洒在叶面上,减少落入水中的药量。施药前将田间水灌满,施药后及时换水,切忌雨前喷药。为了确保鱼的安全,打药、施肥时可将鱼集中于宽沟或鱼溜内。

三 稻鳝模式

稻鳝共作生态养殖模式,既可发挥稻田的生态优势为鳝鱼提供天然的饵料,又可利用黄鳝的生活习性为稻田松土、除虫、增肥,促进水稻生长,以达到稻鱼双增的目的。实践证明,稻鳝共生不仅保证了一定的水稻产量,又有较高的黄鳝产量,并且能同时提高水稻和黄鳝的品质,可取得良好的经济效益和生态效益,是一种较好的种养结合的生态农业模式。

1.鳝苗放养

(1)放养品种和放养规格:秧苗栽插成活后,投入黄鳝苗种。可就地选购笼捕无病、无伤、无药害,且体呈深黄有大黑斑的黄鳝苗种。苗种投放前需进行检查和消毒,先挑选出无伤痕、健康、活跃的黄鳝苗种。捕捞鳝种时,可将鳝苗放在中型水盆中,健康的鳝种表现为游动快,用手抓时挣扎厉害,体表无伤、无病。而体弱鳝或伤鳝、病鳝在水盆中反应迟缓,头部竖起也缓慢无力,或根本竖不起头部,在选种时要坚决将其剔除。

苗种选择存在地域差异,江淮流域的黄鳝主要有3种。第一种为深黄大斑,此类鳝鱼生长速度快,年增重倍数可有5~6倍;第二种为青鳝,体色青黄,增重倍数为3~4倍;第三种为灰鳝,体色灰,斑点细密,此类鳝鱼生长缓慢,增重倍数仅1~2倍。因此在选种时,要根据当地品种差异选择增重快的鳝鱼品种作为苗种,并选择水温在25摄氏度左右连续晴好的天气放苗。

放养鳝苗规格大小要基本一致,以免互相残食。一般每亩稻田放养尾重10~20克的鳝苗1.3万~1.5万尾。粗放式管理,每亩投放长的重20~

30克的黄鳝苗种100~150千克。若是当年投种、当年收获,每平方米水面可投放50克以上的鳝种0.5千克,50克以下的鳝种0.7~1.0千克;若是当年投种、翌年收获,每平方米可投放30克左右的鳝种0.3千克,40克左右的鳝种0.4千克,50克左右的鳝种0.5千克。

(2)苗种消毒:对苗种进行消毒,以达到消灭体表病原菌的目的。选择在气温较稳定的中午,将浓度为3%~5%的食盐水或浓度为8~10毫克/升的高锰酸钾溶液置于大容器内,将黄鳝苗种投入容器中浸泡10~15分钟,捞出后再用清水浸泡10~15分钟,然后再将黄鳝苗种置于装有水稻田环沟水的容器中浸泡15~20分钟,待黄鳝苗种适应环沟水温后,再将黄鳝苗种投放至水稻田环沟内。苗种放养时温差不能过大,应控制在2摄氏度以内。

2.日常管理

(1)投喂管理:黄鳝是以动物性饲料为主的杂食性鱼类,对饲料的选择较为严格,一经长期投喂一种或几种饲料后,就很难改变其食性,故在饲养初期,必须在短期内做好驯食工作,投喂来源广、价格低、增重率高的配合饲料。

人工饲养条件下,饲料主要有蚯蚓、蝇蛆、小杂鱼虾、蚕蛹、螺蛳、河蚌肉及动物内脏等。这类饲料蛋白质含量高,营养丰富,适应黄鳝的生长,一般占投喂饲料总量的50%~70%。同时在配合饲料中搭配菜饼、小麦粉、玉米粉、麸、糠和豆渣等植物性饲料,一般占投喂饲料总量的30%~50%。当然,条件允许时尽可能使用全价人工配合饲料,管理方便,对环境影响较小。在黄鳝苗种投放入稻田后的7~10天不需要投喂。根据黄鳝昼伏夜出的生活习性,初养阶段可在傍晚投饵,以后逐渐提早投喂时间,以形成黄鳝集群摄食的生活习性。初始时,投喂量一般为所养黄鳝总体重的1%~2%。待黄鳝被驯化之后,投喂饲料的多少就可以根据天气、水中残留鱼饵的情况灵活掌握。等到黄鳝普遍吃饵之后,可以适当增加投喂量。一般一次投喂量为黄鳝总体重的2%~3%,甚至可以增加至3%~4%;大阴、闷热、雷雨前后,或水温高于30摄氏度、低于15摄氏度时,要适当减少投喂量;水温在15~28摄氏度时,是黄鳝旺食旺长的好时机,应适当增加投喂量,可以增加到6%~7%。一般将饲料与水混合成团进行投喂,每周投喂2次,投饵范围由大到小,逐步集中到鱼凼周围。在黄鳝苗种投放1个月后,要注意观察调整投喂量,以在2个小时内吃完为宜。投喂应定时、定量、定位。

投饵要设置投饵台,投饵台可设于沟内某固定位置上,让黄鳝进入台内摄食。投饵台可用木框和铝线网或尼龙网制成。为解决动物性饲料的不足,可在沟上方悬挂黑光灯,灯距水面5厘米,利用灯光诱集飞行爬虫落水,以供黄鳝吞食。

黄鳝在自然条件下的摄食量同季节饵料生物的多少有关。春季饵料生物少,黄鳝摄入的饵料中泥沙和腐屑的比例较大;夏、秋季饵料生物丰富,摄入的饵料中饵料生物比例较大。

黄鳝的摄食强度随季节温度变化而变化,每年4~10月份幼鳝及成鳝均持续摄食,成鳝在繁殖季节也不例外。全年中5~8月份摄食量最大;4、9、10月份次之;11月份至翌年3月份很少摄食或基本不摄食。因此,立冬之后停止人工投喂,翌年4月份再开始人工投喂。

(2)水质管理:黄鳝与水稻共同生活在一个环境,水质的好坏对黄鳝摄食、生长、健康均会产生极大的影响。与常规鱼类的养殖相同,养殖黄鳝的水质同样要求肥、活、嫩、爽。清爽、新鲜的水质有利于黄鳝的摄食、活动和栖息。

水质调节要使池水保持一定的肥度,并能提供适量的饵料生物,这有利于黄鳝的生长。下苗初期池水深控制在50厘米左右。水体中含氧量要超过5毫克/升,pH在7.2~7.6,水体中有毒氨不得超过0.02毫克/升,

硫化氢不得超过0.1毫克/升,亚硝酸盐不得超过0.05毫克/升。下苗之前一定要进行水质检测,如有超量指标必须进行调整。田水的调节要根据水稻各生育期的需水特点,兼顾黄鳝的生活习性,采取早期保持水深5~10厘米、中期15~30厘米、后期15~20厘米,有条件的应经常更换新水。前期一般3~5天加注新水1次,伏暑天每天加注新水1次,每次进水增加水深3~5厘米,以防缺氧。动物性饵料每次不宜投喂太多,以免败坏水质。夏季要检查食台,及时清除残饵,剔除病鳝。高温季节加深水位15厘米左右,以利于黄鳝生长;暴雨时及时排水,以防田水外溢、黄鳝逃跑。根据黄鳝习性,25~28摄氏度的池水温度最适合其生长,但在夏季,有时水温高达40摄氏度,故要有降低水温的措施。在生长季节每10~15天换水1次,每次换水量为田水总量的1/3~1/2,盛夏时节(7~8月份)要求每周换水2~3次。

(3)巡田管理:坚持每天早、中、晚各巡田1次,检查防逃设施和苗种生长情况,清除残饵等污物。入冬后,长大的鳝种随着温度降低,会钻入泥中越冬。这时要做好越冬管理,可放掉池水,保持底泥湿润,上面再盖10~20厘米厚的稻草或其他杂草,以防霜冻,确保鳝种安全越冬。

管理上要"三查"。一查水情,保持水质的清爽,保持田水清洁卫生。要勤观察,发现水质微臭时,应立即换水。水源较差的每隔5~8天换水1次,天气炎热、水温过高时还要搭遮阳棚或适当加深水位。冬季尽量不换水。池内可混养些泥鳅,每平方米放养0.5~1千克,以改善水质,并防止黄鳝互相缠绕。二查饵情,应注意缺饵、单饵、混饵,注意打雷下雨时黄鳝受惊向外逃,不进食、不入洞。缺饵时黄鳝会出现大追小。改喂新饵料应从少到多。三查病情,只要提前预防,注意观察,病害是可以控制的。

3.病害防治

(1)疾病预防:必须做到"无病先防,有病早治,防治结合",才能减少病害发生。鳝沟、鳝凼每隔20天消毒1次,可用25毫克/升的生石灰水或1毫克/升的漂白粉液全面泼洒,效果良好。做好病害防治工作首先要定期消毒杀菌,保持水质清新。稻田养殖黄鳝主要通过内外交叉用药预防病害,内用药为在饲料中拌0.1%新诺明或0.3%土霉素或0.1%氟苯尼考和0.1%电解维他,每30天投喂1次,每次持续投喂3~5天;外用药为全田泼洒漂白粉或强氯精或聚维酮碘或生石灰,根据养殖密度每15~30天泼洒1次。其次可以定期口服抗应激营养物,每10~15天内服2~3次,另可在饵料中适量加入EM原露和电解多维,以提高黄鳝的免疫力,促进生长,保持黄鳝良好的生长性能,提高商品性;一般每40天驱虫1次,可用0.45毫克/升的晶体敌百虫泼洒黄鳝苗。在入田前用3%~5%的食盐水浸浴5~10分钟,可杀灭体表病菌及体表寄生虫。生长期间每15天向田沟中泼洒生石灰1次,化水泼洒。

(2)合理用药:养殖过程中如果防治管理不当,就会导致黄鳝疾病暴发。5~9月份为打印病的流行季节,病鳝体表有大小不一的红斑,呈点状充血发炎,游动无力,头常伸出水外。病情严重时表皮呈点状溃烂,并向肌肉延伸而死亡。治疗打印病,每50千克黄鳝用磺胺噻唑0.5克掺拌饵料投喂,每天1次,5~7天为1个疗程,也采用5毫克/升漂白粉溶液全沟泼洒3天,以后每15天泼洒1次,效果良好。在放养期间,若操作不慎,可能会导致黄鳝体表受伤而感染水霉病,肉眼可见伤处长霉。发现黄鳝患水霉病应立即加注新水,也可用小苏打按每立方米水体2克全田泼洒。夏季若发生肠炎病,采用内服和外用药物相结合治疗。外用药物常用1~2毫克/升漂白粉或0.2~0.3毫克/升兽用红霉素全沟遍洒;内服药物,每50千克饵料用土霉素1克拌饵投喂,连喂3天,或每100千克黄鳝用5克土霉素或磺胺甲基异恶唑拌饵,连喂5~7天即愈。肠炎病的防治方法主要是保持养殖水体水质清新,定期施用益生菌等调水产品,内服肝肠宝+恩

诺沙星粉或出血平+三黄粉,连续3天为1个疗程。如发生出血病,可每100千克黄鳝用2.5克诺氟沙星拌饵,连喂5~6天即愈。发热病则是因为黄鳝饲养密度未得到控制,从而引起水温的快速上升。若黄鳝在此时相互缠绕,就会引起大量死亡现象。此时应当在更换新水的同时,向田里投放定量泥鳅,从而有效减少黄鳝的缠绕现象。搭配50毫升的7%硫酸铜溶液也可有效防治发热病。

4.捕捞上市

生活在稻田内的黄鳝,绝大多数栖息于离田基30厘米的范围内,只有极少数栖息在稻田中间。栖息在稻田中的黄鳝,在11月份至翌年2月份的寒冷季节里,钻入50厘米以下的更深层泥土里隐居越冬,待春暖气温回升再出穴觅食,因此黄鳝的捕捞一般在水稻收获后、11月份前完成,捕捞时要注意抓大放小,个体达到100克即可上市销售。利用黄鳝喜在微流清水中栖息的特性,稻田水缓慢排出一半,再从进水口投入微量清水,出水口继续排出与进水口相等的水量,同时在进水口设置1个网片,每隔10分钟取1次网片,用这种方法可起捕60%的黄鳝。利用黄鳝喜吃新鲜活饵的特性,采用竹篾制成带有倒刺的鳝笼,内置新鲜饵料,再用木塞或草团塞紧笼口,待1小时后取笼收鳝。每年11~12月份利用黄鳝开始越冬穴居的特性,将稻田中的水排干,待泥土能挖成块时,可从稻田一角开始,翻耕底泥,将黄鳝翻出拣净,并按规格大小分开,商品鳝暂养待售。不管是网捞还是挖取,都不可让黄鳝受伤,以免降低商品价格。

5.水稻种植

(1)水稻栽培:要求选择高产、优质、耐肥、抗倒伏的品种,插秧行宽20厘米×26厘米,保证水稻的基本苗数。鳝与水稻共同生长在一个环境里,水质调节根据水稻的生长需要兼顾黄鳝的生活习性,采取"前期水田为主,适时晒田,后期干干湿湿灌溉法"。养殖初期,稻田灌注新水以扶苗活棵为主；分蘖后期则应适当加深水层，控制无效分蘖，以利于黄鳝生长；生长期间，每隔5~7天换水1次，每次换水20%。加高水位10厘米；及时调节水质，保持水质良好。具体说，8月中旬前，稻田水深保持6~10厘米，8月中旬末开始晒田，然后再灌水至水位6~10厘米，到水稻拔节孕穗之前，轻微晒田1次。从拔节孕穗期开始至乳熟期，保持水深6厘米，往后灌水与露田交替进行，直到10月中旬。露田期间，田内水沟中水深约15厘米。此外，特别在闷热的夏天，应注意黄鳝的行为变化，如黄鳝身体竖直、头伸出水面，表示水体缺氧，需加注新水增氧。

（2）稻田施肥：采取的施肥方法是重施基肥、适施追肥。基肥以有机肥为主，这样既营造了黄鳝喜欢的水域环境，又能满足水稻生长的营养需要。施用有机肥时可同时混施EM调水和复合利生素或氨基酸肥水膏等，以改善土壤环境，提高水稻产量，并尽可能地减少施肥对黄鳝的影响。基肥每亩施有机肥200~250千克配合磷酸氢二铵15~20千克，再次翻耕、曝晒、粉碎泥土后，每亩用腐熟发酵的粪肥800~1 200千克作为基肥，均匀撒于田块中，3月底4月初，进水沟施50~100千克粪肥，注水0.3米，繁殖大型浮游生物供黄鳝摄食。施追肥时要根据稻田水质、水温高低，灵活掌握用量，每亩施碳酸氢铵2.5~5.0千克，或尿素7~10千克，或硫酸铵12.5~15千克。每次切莫过量，以免毒害黄鳝。无机追肥最好化水泼洒。

（3）虫病防治：先诊断所要防治病虫害的种类，再选择高效、低毒农药。每次用药量不能过大，按常规用量不会对黄鳝造成危害。用粉剂药应在早上带露水撒匀，水剂农药必须对水在露水干后喷洒到叶面上，固体农药也须化水喷洒，尽量减少药物散入水中。气温高时，农药毒性会增强，应注意预防危害。喷药前将稻田水增加至10厘米以上。用边喷药边换水的方法最为安全。为防止药物对黄鳝产生毒害，也可先做预试验，再全面用药。

参 考 文 献

[1] LIU J S, WANG Q D, YUAN J, et al. Integrated rice-field aquaculture in China, A long-standing practice, with recent leapfrog developments [M]//Aquaculture in China. Chichester, UK: John Wiley & Sons Ltd, 2018: 174-184.

[2] 曹厚英. 稻田鲤鱼高产饲养技术[J]. 乡村科技, 2020, 11(31): 105-106.

[3] 陈豪, 全坚宇, 朱文荣, 等. 稻鳅连作综合种养生产技术探索[J]. 农业开发与装备, 2019(2): 227-228.

[4] 高英. 浅析稻田鲤鱼养殖技术[J]. 农民致富之友, 2019(32): 154.

[5] 李广春, 廖愚. 稻田养殖土著黑鲤技术要点[J]. 南方农业, 2020, 14(17): 22-23.

[6] 林易, 陆露. 黄鳝人工繁育及网箱稻田养殖技术讲座(七)稻田养鳝的设施建设[J]. 渔业致富指南, 2008(7): 73-74.

[7] 刘道春. 黄鳝稻田养殖饲养管理[J]. 农村新技术, 2019(9): 29-30.

[8] 农业农村部渔业渔政管理局, 全国水产技术推广总站, 中国水产学会. 2021中国渔业统计年鉴[M]. 北京: 中国农业出版社, 2021.

[9] 唐晓燕, 张荔, 杭燕. 稻鳅共生田优质绿色水稻生产管理技术探讨[J]. 科学养鱼, 2020(5): 18-19.

[10] 岳中海. 稻田生态养殖一龄商品鲤技术研究[J]. 现代农业, 2019(6): 72-74.

[11] 王接永. 稻田养黄鳝的综合技术[J]. 新农村, 2017(2): 31.

[12] 曾华. 稻鳅共生田优质绿色水稻生产管理技术要点[J]. 世界热带农业信息, 2020(10): 15-16.

[13] 张永高. 稻田标准化禾花鲤无公害综合养殖技术[J]. 农技服务, 2017, 34(18): 74.

[14] 占家智, 羿业文, 羊茜. 稻田养殖龙虾100问[M]. 北京: 海洋出版社, 2018.

[15] 周本翔, 潘开宇, 吕瑛. 中华鳖标准化健康养殖技术[M]. 郑州: 中原农民出版社, 2015.